创新融合系列教材

增材制造结构优化设计与工艺仿真

ZENGCAI ZHIZAO
JIEGOU YOUHUA SHEJI
YU GONGYI FANGZHEN

潘 露 王 迪 马越峰 主编

U0258449

化学工业出版社

·北京·

内容简介

本书从增材制造结构设计、优化和工艺仿真角度，介绍粉末床熔融工艺的零件结构设计约束与准则、结构优化设计和工艺仿真，主要讲述了激光粉末床熔融技术原理、结构设计约束、准则和结构特征，Altair Inspire 结构优化设计基础，Altair Inspire 结构优化操作与应用，Altair Inspire PolyNURBS 建模操作与应用，Altair Inspire 点阵结构设计操作与应用，Altair Inspire 运动仿真与优化设计操作与应用，Altair Inspire 激光粉末床熔融工艺仿真操作与应用等内容。书中通过典型案例讲解，理论与实践有机结合，配套操作视频、模型文件、电子课件等数字资源，全彩色印刷。

本书可作为高等学校相关专业的教材，并可供相关工程技术人员参考。

图书在版编目（CIP）数据

增材制造结构优化设计与工艺仿真/潘露，王迪，马越峰主编 .—北京：化学工业出版社，2023.1（2024.3 重印）
ISBN 978-7-122-42474-7

Ⅰ.①增… Ⅱ.①潘… ②王… ③马… Ⅲ.①快速成型技术 - 高等职业教育 - 教材 Ⅳ.① TB4

中国版本图书馆 CIP 数据核字（2022）第 206539 号

责任编辑：韩庆利 　　　　　　　　　文字编辑：吴开亮
责任校对：张茜越 　　　　　　　　　装帧设计：刘丽华

出版发行：化学工业出版社（北京市东城区青年湖南街 13 号　邮政编码 100011）
印　　刷：北京云浩印刷有限责任公司
装　　订：三河市振勇印装有限公司
787mm×1092mm　1/16　印张 11¼　字数 297 千字　2024 年 3 月北京第 1 版第 2 次印刷

购书咨询：010-64518888 　　　　　　售后服务：010-64518899
网　　址：http://www.cip.com.cn
凡购买本书，如有缺损质量问题，本社销售中心负责调换。

定　　价：58.00 元 　　　　　　　　　　　　　　　　版权所有　违者必究

序一

　　增材制造（AM）技术是"中国制造 2025"战略发展的重点领域，我国出台实施了《增材制造产业发展行动计划（2017—2020 年）》等一系列政策。2021年 3 月，《中华人民共和国国民经济和社会发展第十四个五年规划和 2035 年远景目标纲要》明确了发展增材制造在制造业核心竞争力提升与智能制造技术发展方面的重要性，将增材制造作为未来规划发展的重点领域。我国正处在增材制造技术研究与应用的热潮中，在新材料研发、设备研制、关键零部件制造、理论探索和技术应用等领域均取得长足的发展，增材制造的应用领域由模型和原型制造进入产品快速制造，在航空航天、医疗和文创等领域得到广泛应用。

　　激光粉末床熔融技术是金属增材制造中比较成熟的工艺之一，通过激光束迅速熔化金属粉末获得几乎 100% 致密度、性能优异、完全冶金连接的金属零件，其"自由"的先进制造方式与拓扑优化等先进数字化设计相结合，极大地扩展了金属增材制造的应用场景，衍生出"制造改变设计"的新思路。数字化技术和增材制造技术等多学科交叉碰撞，数字化增材制造技术登上了发展的"高铁"，数字化仿真驱动设计的理念极大地释放了增材制造设计创新思维，在产品轻量化、一体化、功能化设计和工艺仿真模拟等方面成绩斐然，基于金属增材制造工艺的创新设计与工艺仿真提高了高附加值产品的研发迭代速度，降低了材料、研发试错等的成本。

　　本书将产品结构优化设计、工艺仿真模拟和增材制造理论与应用相结合，介绍了面向性能、结构和制造工艺的增材制造设计全流程方案，引导大家更全面、更深入地了解和大胆应用数字化设计和增材制造技术。此外，2019 年以来，我国陆续在中高职和本科院校开设了增材制造专业，科研和工程技术人员对增材制造研究的热情高涨，希望本书能够在专业建设、创新创业、科研和工程技术等领域推动数字化增材制造技术的进一步发展。

　　"路漫漫其修远兮，吾将上下而求索。"相信在"中国制造 2025"等国家重要战略规划的支持下，通过国内外多学科科研人员和工程技术人员的共同努力，将进一步推动增材制造在广袤工业大地上落地生根、枝繁叶茂。

华南理工大学教授

广东省增材制造协会会长

序二

　　Altair 公司成立于 1985 年，以工程咨询服务起家，开发了 HyperMesh、OptiStruct 和 Inspire（全称为 Altair Inspire）等一系列行业领先产品。历经 30 余载的不断探索，解决方案已全方位覆盖建模与可视化、线性与非线性分析、结构优化、CFD（计算流体动力学）及多体动力学仿真、电磁分析，以及云仿真、高性能计算和人工智能等领域，帮助大量客户实现了以仿真驱动的产品创新。

　　长期以来，我们一直倡导"仿真驱动设计"的理念。仿真的价值并非局限于虚拟验证，更应该在产品研发早期以优化来指导设计，缩短企业研发周期，提升产品性能。由此，Altair 致力于打造一个专门面向设计人员的仿真平台——Altair Inspire，Altair Inspire 平台逐渐发展成为集拓扑优化 (Inspire)、创意造型 (Inspire Studio)、铸造仿真 (Inspire Cast)、钣金冲压仿真 (Inspire Form)、挤压成型仿真 (Inspire Extrude)、多学科系统建模仿真与优化 (Activate)、基于模型的嵌入式系统开发（Embed)、科学和工程设计数值计算环境 (Compose) 等于一体的仿真工具体系。

　　Altair Inspire 帮助设计人员快速获得满足性能且轻量化的结构，大大缩短了研发中所耗费的时间，降低了成本。极具颠覆精神的 Inspire 软件一经推出就获得了众多颇具分量的软件大奖。同时，随着增材制造技术的迅速发展，越来越多的企业尝试以这种技术来提升研发能力与制造效率。增材制造技术特别适用于结构复杂且高性能的产品，拓扑优化与 3D（三维）打印相得益彰；而 Altair 在很早之前就看到了二者结合所迸发的重要价值，基于 Inspire 推出了适用于增材制造的设计软件解决方案，并已在全球范围内的航空航天、汽车、建筑等领域得到了应用及验证。

　　本书充分结合了拓扑优化理论基础和工程应用经验，读者可快速将要点应用于自身的设计项目中，可以说是一本设计人员必备的手边书。相信本书能给读者带来耳目一新的拓扑优化知识学习体验，切实提升工作效率。

　　我们鼓励广大读者借助 Altair Inspire 平台在各领域深入探索，同时也衷心期待大家的宝贵建议，以利于我们不断完善和提升软件性能，与大家共同进步。

Altair 大中华区总经理

前言

　　增材制造充分释放了设计人员的创新设计思维，可以最大化地实现自由结构设计，与其他增材制造技术类似，激光粉末床熔融（Laser Powder Bed Fusion，LPBF）技术克服了传统加工方法带来的零件的设计限制，颠覆了传统的面向制造工艺的产品设计方法，提高了产品的"设计自由度"，使得零件设计不再局限于面向制造、面向装配等基于减材、等材制造的传统设计方法。拓扑优化（Topology Optimization，TO）、点阵优化（Lattice Optimization）等设计方法与激光粉末床熔融技术完美组合，提供了面向性能、结构和制造工艺的一体化增材制造设计方案。

　　本书主要从增材制造结构设计、优化和工艺仿真角度，介绍了激光粉末床熔融工艺的零件结构设计约束与准则、结构优化设计和工艺仿真；内容上理论与实践相结合，介绍了利用 Altair Inspire 软件开展增材制造结构优化设计与工艺仿真的工程案例。本书主要分为 7 章：第 1 章介绍激光粉末床熔融 (LPBF) 技术原理、结构设计约束、准则和结构特征；第 2 章介绍 Altair Inspire 结构优化设计基础，包括结构优化设计的基本概念，拓扑优化的设计理论和工作流程，初步认识 Inspire 软件；第 3 章通过工程案例介绍 Altair Inspire 结构优化操作与应用；第 4 章通过工程案例介绍 Altair Inspire PolyNURBS 建模操作与应用；第 5 章通过工程案例介绍 Altair Inspire 点阵结构设计操作与应用；第 6 章通过工程案例介绍 Altair Inspire 运动仿真与优化设计操作与应用；第 7 章通过工程案例介绍 Altair Inspire 激光粉末床熔融工艺仿真操作与应用。

　　本书由潘露、王迪、马越峰担任主编，王春香、李征、蔡天舒、刘欣玉担任副主编，参加编写工作的有：华南理工大学王迪（第 1 章），澳汰尔工程软件（上海）有限公司马越峰、蔡天舒（第 2 章），安徽机电职业技术学院（上海大学在读博士）潘露、安徽机电职业技术学院刘欣玉（第 3 章、第 6 章、第 7 章），上海交通大学李翠超（第 4 章），安徽机电职业技术学院成良平、浙江机电职业技术学院夏伶勤（第 5 章）。澳汰尔工程软件（上海）有限公司徐自立、王瑞龙、汤凯利、许光浩、路明村、邓锐、方献军等对软件操作给予了无私的帮助，并参与了相关章节的编写工作。全书由潘露统稿。

　　本书由上海大学张恒华教授担任主审，他对全稿进行了详尽的审阅，提出了很多有益的建议，对工程案例选择、理论知识提出了宝贵的意见。此外，中国图学学会制图技术专业委员会主任、全国大学生先进成图技术与产品信息建模创新大赛组委会秘书长、华南农业大学陶冶教授，全国大学生先进成图技术与产品信息建模创新大赛组委会邵立康主任分别对本书的结构、案例等提出了宝贵的建议，在此表示衷心的感谢。

　　本书在编写过程中参考了相关文献资料和 Altair Inspire 软件帮助教程，在此向文献作者和澳汰尔工程软件（上海）有限公司表示衷心的感谢！本书在编写过程中也得到了安徽工程大学刘桐博士、安徽拓宝增材制造科技有限公司张成林博士、王亮和广州思茂信息科技有限公司曾燕山的诸多支持和热情帮助，在此一并表示感谢。

　　本书的出版得到了安徽省 2021 年高等学校省级质量工程项目的资助：《增材制造结构优化与仿真》精品课程（2021jpkc041）。

　　由于编者水平有限，书中难免存在不妥之处，敬请读者批评指正！

编　者

目录

第3章　Altair Inspire 结构优化设计工程案例

第4章　Altair Inspire PolyNURBS 建模工程案例

_第**5**_章 **Altair Inspire 点阵结构设计工程案例** ‖ ▶▶▶

_第**6**_章 **Altair Inspire 运动仿真与优化工程案例** ‖ ▶▶▶

第1章 激光粉末床熔融结构设计

学习目标

知识目标

（1）掌握激光粉末床熔融工艺过程和特点；
（2）掌握激光粉末床熔融工艺结构设计约束与准则；
（3）掌握激光粉末床熔融工艺常见的结构特征。

素养目标

（1）培养学生的实践能力和创新能力；
（2）培养学生科学严谨的治学态度和精益求精的工匠精神。

考核要求

完成本章学习内容，掌握激光粉末床熔融工艺的设计约束与准则和典型结构特征。

1.1 激光粉末床熔融技术原理 ▶▶▶

1.1.1 激光粉末床熔融的工艺过程

激光粉末床熔融（Laser Powder Bed Fusion，LPBF）技术是金属 3D 打印（又称增材制造，Additive Manufacturing，AM）中比较成熟的技术，在强度、精度、致密性方面表现出色，潜力巨大，是增材制造体系中最具发展潜力的技术之一。激光粉末床熔融技术采用铺粉机构铺粉，通过高能量激光逐层扫描熔化金属粉末，金属粉末在吸收激光能量后温度急剧上升达到熔点，之后随着激光的移动温度急剧下降而凝固，实现激光制造，适用于制备微结构、小尺寸和高精度零件，致密度接近 100%，尺寸精度达 20 ~ 50μm，表面粗糙度达 10 ~ 30μm，在机械、医疗、航空航天和军事等领域发展迅速[1-7]。

激光粉末床熔融金属 3D 打印技术的基本原理是：首先利用三维造型软件设计出零件的三

维实体模型，然后通过切片软件对该三维实体模型进行切片分层，得到各截面的轮廓数据，由轮廓数据生成填充扫描路径，设备按照这些填充扫描线，控制激光束选区熔化各层的金属粉末材料，逐步堆叠成三维金属零件。图 1-1 所示为激光粉末床熔融金属 3D 打印机结构示意图。激光粉末床熔融金属 3D 打印机设备主要由激光发射器、控制系统、光学系统、成形舱以及机械系统五部分组成[8]。

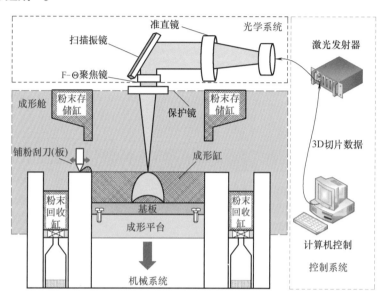

图 1-1　激光粉末床熔融金属 3D 打印机结构示意图

　　激光粉末床熔融工艺成形过程如图 1-2 所示。首先进行粉体准备和成形基板（简称基板）预备，粉体需经预热去潮、振动精筛等步骤提高流动性，基板一般需经表面喷砂处理形成凹凸表面，增强首层铺粉均匀性（步骤 1、2）；使用专用软件对零件模型文件进行修整，添加支撑和切片，同时确定成形参数和扫描策略（步骤 3）；模型数据导入设备之后，关闭成形舱门，进行气氛准备[9]。

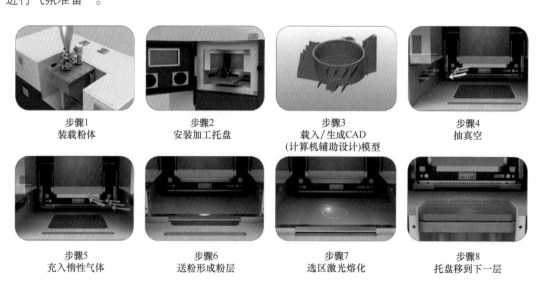

图 1-2　激光粉末床熔融工艺成形过程

抽真空至 –90kPa（设定标准大气压为 0kPa），然后回充惰性气体，反复多次直至成形舱内氧含量低于设定阈值（步骤 4、5）；利用送粉装置和铺粉刮刀在基板上铺设、刮平粉体薄层，激光束按照切片轮廓在粉床上选择性熔化金属粉体并随后凝固，形成一层实体。重复这个过程，逐层堆积，可以成形具有内、外复杂结构的三维实体部件（步骤 6 ~ 8）。

1.1.2 激光粉末床熔融的工艺特点

激光粉末床熔融成形过程为复杂动态、非平衡过程，存在传热、熔化、相变、汽化和传质等现象，且成形过程高能量激光源移动速度达 2000m/s，甚至更高，当激光聚焦光斑离开后，原有的微小熔池会急剧降温，冷却速度可达 10^7K/s，金属粉末的熔化与凝固时间小于几毫秒，成形过程激光束和温度场不稳定，极易产生球化、孔隙、气泡和裂纹等缺陷，截至目前，未有报道称制备出无缺陷的 LPBF 金属样品[10-13]。

因此，与减材和等材加工相比，激光粉末床熔融工艺的特点如下。

（1）成形优点

① 无需夹具，可将 CAD 模型直接制成终端金属产品；

② 能够制造各种复杂形状的工件；

③ 致密度几乎能达到 100%，力学性能与锻造工艺所得相当；

④ 抛光即可直接使用；

⑤ 能以较低的功率熔化高熔点金属，使得用单一成分的金属粉末制造零件成为可能，而且可供选用的金属粉末种类也大大拓展；

⑥ 能解决组织均匀的高温合金零件复杂件加工难的问题；还能解决生物医学上组分连续变化的梯度功能材料的加工问题。

（2）成形缺点

① 由于激光器功率、扫描振镜偏转角度和扫描速度限制，激光粉末床熔融设备无法成形大尺寸零件；

② 加工过程中，内部不可避免地存在孔隙等缺陷，容易出现球化和翘曲；

③ 由于使用高功率的激光器以及高质量的光学设备，机器制造成本高，光学设备成本高；

④ 成形件表面质量差，需要结合机加工等提高表面精度。

1.2 激光粉末床熔融零件的结构设计约束与准则 ▶▶▶

完全自由的结构只在理论上存在，激光粉末床熔融成形的自由结构也是相对而言的。而对自由结构设计约束的研究，不是限制自由结构的设计，而是通过约束来达到优化设计的目的。目前对激光粉末床熔融成形的自由结构设计约束的研究主要集中在激光粉末床熔融制造原理约束、激光粉末床熔融制造工艺约束，以及应用约束方面。

1.2.1 制造原理约束

（1）尺寸约束

如图 1-3 所示，在激光粉末床熔融成形过程中，通过激光聚焦光斑在铺粉平面上进行选区扫描，此时在激光聚焦光斑作用下成形的熔池的宽度决定了成形几何极限。从几何关系上看，当设计的几何特征小于熔池宽度时，最终成形件的尺寸会大于设计的尺寸；而熔池宽度不会小于激光聚焦光斑直径，因此激光聚焦光斑直径限制了激光粉末床熔融成形最小特征尺寸。在薄壁、尖角等微细结构设计时就必须考虑激光粉末床熔融设备的实际成形能力。而且激光聚焦光斑一般由激光粉末床熔融设备的硬件所决定。

（2）阶梯效应

如图 1-4 所示，在成形过程中，将零件模型沿着高度方向（Z 方向）离散成具有一定厚度的切片层，只保留切片层轮廓以及对应的实体，而连续表面信息被切片层的外轮廓包络面取代，因此会带来阶梯效应，弧形表面被呈阶梯状分布的外轮廓所取代，如图 1-4 所示。分层厚度越大，丢失信息越多，成形误差也越大，而且这种原理性误差只能通过减小层厚的方式来降低，无法从根本上消除。

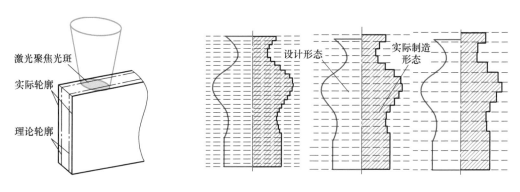

图 1-3　激光聚焦光斑直径对几何尺寸的约束　　　　　图 1-4　阶梯效应

1.2.2　制造工艺约束

在激光粉末床熔融加工过程中，零件打印失败的其中一个重要形式为发生塌陷，主要原因有两个：残余应力的累积以及重量支撑机理。

（1）残余应力的累积

激光束在很短的时间 (0.5 ~ 25ms) 内，快速地、选择性地熔化、凝固金属粉末，因为金属熔点高，使得温度动态变化较大，形成显著性热梯度。随着打印过程中倾斜角度减小或者层数、厚度增加，阶梯效应变得更加明显。在构件的几何突变（或曲率较大）区域内将会聚集较高的热量，产生较大的热应变和应力，使得构件的不同区域以不同的速率膨胀／收缩产生形变。残余应力累积的过程会导致构件显著性的扭曲，例如弯曲、下垂和卷曲，甚至会发生破裂（其中，弯曲是由于凝固过程中快速的冷却，下垂是来自非支撑的区域）。

（2）重量支撑机理

当构件沿着特定的加工方向进行打印，加工构件和加工平台之间的夹角太小而构件的悬垂长度过大时，在下层的金属粉末不能独自支撑上层已经打印成形的实体结构部分，导致加工构件的塌陷。

1.2.3　应用约束

增材制造在市场化应用推广过程中，主要受到经济成本、原料、质量可靠性等各方面的约束，因此，结构设计优化过程必然需要考虑规避或者减少以上问题，从零件设计角度减小零件体积和降低成本，尽量选用成熟的金属粉末材料，以降低残余应力等。

目前，除了增材思维创新设计的部分零件之外，只有具有结构复杂或外形独特、常规方法不便制备、结构件成形一体化（无焊接或其他方式连接等）等需求时，才有必要尝试增材制造。除此以外，增材制造可以极大提高原材料利用率，可有助于优化结构设计，达到结构设计轻量化、性能优化的目的。

1.2.4 制造工艺准则

（1）零件摆放准则

为了提高打印效率，一般在基板上布置多个零件同时打印。但是，打印过程中零件之间会相互影响，因此，如何确定零件之间的摆放位置对打印质量和打印顺利完成影响巨大。打印过程中，铺粉刮刀沿着 X 方向往复铺粉，任何一个零件发生球化或其他原因导致零件表面变形（即便是十分微小的变形），铺粉刮刀都会在铺粉时产生阻力，可能导致零件夹具或铺粉刮刀损坏，继而导致继续铺粉不均匀，最终导致打印失败。

因此，零件摆放的基本准则是最大限度地减小零件施加在铺粉刮刀上的力，从而降低甚至消除与铺粉刮刀损坏相关的打印失败的概率。

① 如图 1-5 所示，为了避免铺粉刮刀运动时与零件长轴接触导致铺粉刮刀运动阻力突然变大，尽量不要将零件的长轴与铺粉刮刀平行放置（ Y 方向）。围绕 Z 轴逆时针旋转零件 5°～45°，尽量减小铺粉刮刀可能受到的阻力。

一般而言，零件在 X 方向的尺寸越小，铺粉刮刀铺粉的时间和行程就越短，生产效率就越高。因此，合理地摆放零件可以大大降低零件由于打印过程缺陷导致打印失败的概率，还可以缩短打印时间。

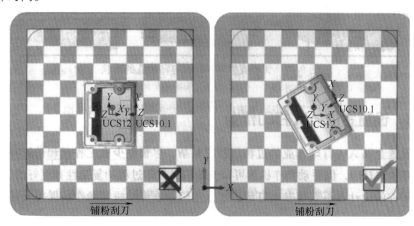

图 1-5　避免铺粉刮刀运动时与零件长轴接触

② 如图 1-6 所示，如果多个零件在 X 方向并排布置，则铺粉刮刀与零件碰撞后，碰撞区域正后方粉末铺展的质量变差，导致后方区域铺粉不均匀；而且，如果零件打印失败后铺粉刮刀继续铺粉，则会导致铺粉刮刀受损，受损的铺粉刮刀铺粉不均匀，会影响继续铺粉。因此，

图 1-6　避免多个零件在铺粉刮刀运动方向上并排布置

尽量避免将零件彼此紧挨着放置，如果零件变形并与铺粉刮刀接触，即使铺粉刮刀或零件受到损坏，打印过程也可能继续。

如果可能，将零件排布在成形平台上时，尝试沿着铺粉刮刀在零件后面增加一些空间。

③ 如图1-7所示，如果多个零件在 Y 方向并排布置，则铺粉刮刀同时与多个零件接触，如果某一个零件由于球化等原因成形失败，则可能导致铺粉系统崩溃，因此金属3D打印机要尽量避免让铺粉刮刀与多个零件接触。通常仅需在成形平台上移动零件 L（mm），就足以最大限度地降低由零件变形导致铺粉系统崩溃的风险。

图1-7 避免多个零件在铺粉刮刀运动垂直方向上并排布置

零件的布置应该考虑风场运动轨迹，成形舱内部循环气体沿着 X 方向运动，为了避免生成的黑灰污染相邻区域，应尽量避免将零件布置在风场下风口位置。

（2）打印方向准则

对于增材制造而言，各向异性指的是零件在垂直与水平方向、层与层之间的性能不一致，是激光粉末床熔融工艺的最大特点之一，导致零件在垂直和水平方向的性能差异过大。因此，激光粉末床熔融工艺加工出的零件的质量（强度、材料性能、表面质量和支撑量等）与打印方向直接相关。在设计时应该考虑零件的摆放位置和打印方向。

普遍认为，在 X-Y 平面零件的强度最大（即打印方向 Z 向的垂直面）。打印方向决定了各向异性，该方向始终为 Z 向或竖直打印方向。因此，如果各向异性是一个重要的因素，则零件应该是定向的，以使零件在最大强度方向打印。

此外，零件打印的总高度决定了需要多少层材料，这将影响成本。如果没有其他关键的考虑因素，则打印方向通常是使构件总高度最小的方向。

（3）零件合并准则

增材制造可以实现多个功能零部件的一体化制造，可以将多个功能零部件合并以减少零部件数量。零件合并就是将由许多简单零件组成的产品转换为由更少和更复杂的零件组成的产品。需要注意的是，不能够为了单纯地减少零件数量而简单地将零件合并后打印生产，判断零件之间是否可以合并应综合考虑零件的经济性、可维护性、功能性等方面。

一般情况下，在金属增材制造过程中，所有的可活动零件都需要直接打印在成形平台上，或者保持彼此之间的连接，以防止在打印过程中被刮刀系统刮走。只有将它们从成形平台上切割下来，且连接彼此间的结构被去除时才能够被当作活动零件。

如果支撑数量多且彼此间的间隙又小，则会增加去除支撑的难度。在打印需要单独打印的零件和用于组装的零件时要合理布局，相互的间隙要控制在设备允许的公差范围以内。

① 如果两个零件通过螺栓等紧固件连接，则形成彼此没有相对运动的构件。如果直接通过布尔运算将两个零件合并，则不可避免地增加经济成本，且无法发挥增材制造优势。需要为面向增材的设计，重新设计或创新设计零件。

② 如果两个零件通过运动副连接，则形成彼此相对运动的构件，增材制造过程中可以合并设计为免组装结构零件。增材制造的优势之一为可以直接打印装配好的带有活动部件的组件，但是激光粉末床熔融工艺的精度相对较低（尺寸精度为 0.1mm 左右，表面粗糙度 Ra 为 30μm 左右），导致活动部件之间的间隙无法精确控制。活动部件之间的间隙与零件近距离接触的表面积有关（水平方向最小间距约 0.2mm，垂直方向间距用于添加支撑）。零件近距离接触的表面积越大，接触表面之间的间隙就越大。由于较大的表面积能使热量保持更久，从而使活动部件之间的粉末熔化。表面积小的部位相较于表面积大的部位更容易实现活动部件的打印，并且在活动部件之间需要存在更小的间隙。

1.3 激光粉末床熔融零件的结构特征 ▶▶▶

金属 3D 打印件的结构合理性和工艺适应性直接影响着打印过程的制造难度，甚至关系到打印是否成功。因此，在进行打印件设计时，必须根据现有打印机设备参数和功能、零件结构特征和增材制造工艺性，考虑打印件的结构工艺性，以避免打印失败。

需要说明的是，激光粉末床熔融零件的结构特征与材料、激光器、结构、工艺以及设备本身有关，本书中的结构特征仅供参考。

1.3.1 壁厚

由于壁厚的突变会导致零件冷却不均匀，最终导致残余应力不一致，因此壁厚尽量遵循"均匀厚度规则"。任何不合理的、打破"均匀厚度规则"的特征都只是引入不必要的材料，会增加成本，导致更多的残余应力，因此需要进行热处理以及准备更多的支撑材料。任何不必要的材料都会增加打印时间和成本，所以应避免使用。

此外，由于受激光聚焦光斑尺寸约束，零件成形最小尺寸与激光器参数相关，一般而言，可成形壁厚为 0.2 ~ 0.3mm，但是力学性能差，无法作为结构件使用。零件壁厚的最小值和建议值如表 1-1 所示。

表 1-1 零件壁厚的最小值和建议值 [14]

最小壁厚 t	推荐最小壁厚 t	
0.3mm	1mm	

当增大无支撑薄壁结构的高度或长度时（如无肋板和相互交错的薄壁），打印过程就很容易出现问题。如果这种大面积的薄壁结构在结构上没有得到加强，则其在打印时很容易出现变形。为避免出现这种情况，在设计时应尽量避免用最小的壁厚，或者通过添加肋板、角板以及其他支撑材料来防止变形。

1.3.2 孔

一般而言，激光粉末床熔融零件的最小孔或槽的尺寸主要取决于打印设备和零件结构，比如壁厚、打印层厚、打印方向以及激光器等。

① 如果对孔的圆度要求很高，则最好在竖直方向（孔的轴线为 Z 方向）进行堆积打印。经验值为：圆孔的最小直径为 0.5mm 左右（图 1-8），且随着零件壁厚的增加，圆孔最小直径减小，这主要是由于狭窄孔中的粉末会部分熔合在孔中，无法去除。

图 1-8 竖直方向圆孔的直径

② 水平打印的孔（孔的轴线为 X 或者 Y 方向）会受到阶梯效应的影响，会由于重力作用略呈椭圆形（图 1-9）。因此，圆孔的最小直径尺寸受设备和工艺参数影响巨大。此外，为了实现无支撑直接打印圆形，可以根据阶梯效应逆向设计成椭圆形、泪滴形和菱形。

(a) 圆孔竖放　　　　　　　　(b) 圆孔横放

图 1-9 两个方向打印零件的效果图

1.3.3 水平特征面

金属增材制造过程的本质是逐层叠加，上层粉末的熔化和凝固成形主要依靠相邻熔道的焊合、上下层金属的焊合、熔道之间的焊合三者之间的相互作用，形成连续致密的零件。对于水平特征面来说，由于底部为金属粉末，缺少了上下层金属之间的焊合支撑作用，如果长度过长，则会导致成形面塌陷，或者由于激光穿透深入到下层粉末，表面过于粗糙。

任何长度大于 0.5mm 的单向连接结构的水平特征面均需要设置支撑，以避免打印过程中粉末无法支撑导致成形面坍塌。水平特征打印测试如图 1-10 所示。

对于有双向连接结构的水平特征面，如图 1-11 所示，长度超过 2mm 均需要设置支撑，否则会出现打印塌陷或者表面过于粗糙等情况。

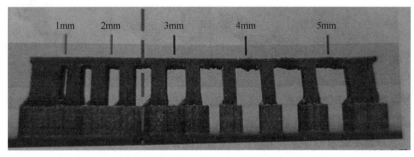

图 1-10 水平特征打印测试　　　　　图 1-11 双向连接结构的水平特征面

1.3.4 悬垂角度

如图 1-12 所示，悬垂角度 α 是由打印方向 b 与悬垂部分的法线方向 n 所构成的角度。图 1-12 中蓝色的区域表示构件底部已经打印出来的实体部分；绿色的区域表示悬垂角度为 α 时，构件打印过程中能够自支撑的悬垂部分；紫红色的线条表示在悬垂角度为 α 时构件的悬垂表面。当 α 过小时，由于在制造过程中金属粉末不足以充分支撑下方的悬垂部分（即重力支持的机理）以及残余应力的累积，构件可能会发生变形、卷曲、翘曲甚至塌陷等现象。

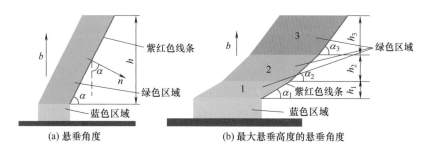

图 1-12　悬垂特征

临界悬垂角度 (Critical Overhang Angle，COA) 也称为打印构件悬垂角度的下极限。临界悬垂角度表示：打印过程中，在没有支撑的情况下，构件可以悬垂的最小角度。在自支撑结构的设计中，临界悬垂角度用来保证构件的悬垂部分能够从下方得到较为充分的支撑。构件随临界悬垂角度塌陷示意图如图 1-13 所示。

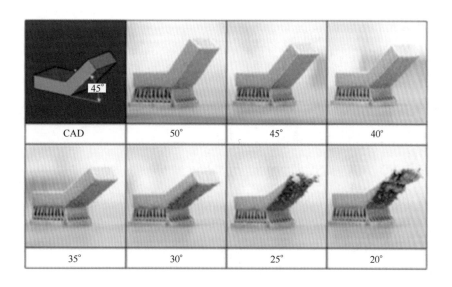

图 1-13　构件随临界悬垂角度塌陷示意图

临界悬垂角度取决于设备性能、层厚、金属粉末材料和激光工艺参数等，常见材料的悬垂角度如表 1-2 所示。如果悬垂角度小于表 1-2 中所列的数值，则需要添加支撑材料，支撑材料可以由软件自动生成。由于支撑材料需要人工去除，因此过多的支撑材料将增加后处理的时间。因此，在进行零件结构设计时，建议避免设计悬垂角度低于临界悬垂角度的面，以减少支撑。

表1-2　不同材料的激光粉末床熔融悬垂角度参考值

最小悬垂角度 α	
DMLS 不锈钢	60°
DMLS 镍基合金	45°
DMLS 钛合金	60°
DMLS 铝合金	45°
DMLS 钴铬合金	60°

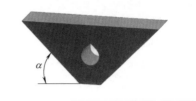

此外，悬垂面成形质量较差。采用激光粉末床熔融方法成形悬垂面时，熔池部分会全部以粉末为支撑。当能量输入较大时，激光能量会穿透当前层，并与下表面的粉末发生反应，此时会产生悬垂物；熔池由于自身的吸附作用以及重力作用会与周边粉末发生黏附，造成悬垂面成形质量差。

在工艺上，若要获得较好的下表面成形质量，必须严格控制激光能量输入，在激光能量恰好将当前层粉末熔化时，能量输入密度最佳。但是激光作用在成形件上和作用在粉末上时能量吸收率不同。相比作用在成形件上，作用在粉末上时热导率较低，能量大部分被粉末吸收，并且悬垂面悬垂部分的长度随着成形件几何尺寸变化，激光作用在粉末上的距离也会发生变化，实现能量输入控制较难。

能量输入不同，熔池温度场也不同，在不同温

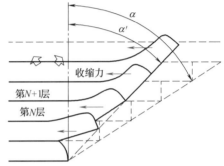

图1-14　内应力对悬垂面质量的影响

度场下会产生内应力不均匀的现象，特别是在成形悬垂面时，悬垂面下表面没有与成形件结合，受到热应力的作用，边缘会产生翘曲现象。图1-14所示为内应力对悬垂面质量的影响示意图。

1.3.5　倒角

对所有尖角位置倒角，是减少应力集中的有效方式之一，根据壁厚来设计倒角的尺寸，一般将倒角半径设置为壁厚的1/4，具体尺寸与材料及工艺有关。

1.3.6　支撑

在激光粉末床熔融成形中，在零件关键部位合理地添加支撑直接决定零件能否连续成长，以及成形件的精度和性能，比如具有悬垂或曲面倾斜度过大的零件特征面。对于有倾斜曲面的零件，如悬臂结构，此时若无支撑结构，成形失败主要体现在：由于有很厚的金属粉末，粉末不能完全熔化，熔池内部向下塌陷，边缘部分向上翘曲；在进行下一层粉末的铺粉过程中，铺粉刮刀与边缘部位摩擦，由于下方没有固定连接，该部分会随铺粉刮刀移动和翻转，无法为下一层制造提供基础，成形过程被破坏。添加支撑能有效防止此类现象发生，因此在激光粉末床熔融成形中，支撑结构作用主要[15-17]如下。

① 连接并固定成形部分，防止其发生移动或翻转，避免被铺粉刮刀拉扯，方便从基板移除零件。

② 承接下一层未成形粉末层，防止激光扫描到过厚的金属粉末层发生塌陷。

③ 抑制成形过程中由于受热及冷却产生的应力收缩，保持成形件的应力平衡。

④ 减少残余应力，减少零件开裂。

一般而言，支撑可以直接在商业软件中自动生成（如 Magics、Netfabb 和 Inspire 等），也

可以利用 UG 等三维软件根据自身需要设计。以 Magics 为例，支撑类型包括点、线、网状、块状、轮廓、肋状、综合、体积（锥形）等，具体各支撑类型适用结构见 Magics 帮助手册。

本书关于特定 AM 工艺的数值仅作为一般性参考，因为零件设计的其他参数可能会影响给定的数值。当有疑问时，最好打印一个测试零件，以确保这些数值适用于特定的情境。

思考题 ▶▶▶

1. 简述激光粉末床熔融工艺的过程及优缺点。
2. 简述阶梯效应形成的原因。
3. 简述零件摆放准则。
4. 简述打印方向准则。
5. 简述激光粉末床熔融的结构特征，以及影响因素及种类。

第2章 Altair Inspire 结构优化设计基础

📚 学习目标

知识目标

（1）掌握拓扑优化设计理论和一般流程；
（2）掌握 Inspire 软件的基本功能；
（3）掌握 Inspire 软件的基本操作命令。

素养目标

（1）培养学生的实践能力和创新能力；
（2）培养学生科学严谨的治学态度和精益求精的工匠精神。

📖 考核要求

完成本章学习内容，掌握 Inspire 软件基本操作命令。

2.1 结构优化设计的基本概念 ▶▶▶

2.1.1 结构优化设计的发展历史

结构优化设计旨在通过对结构的尺寸、形状及拓扑等参数进行合理的调整，使得调整后的结构能够在满足强度、刚度、稳定性、可制造性以及其他一种或多种设计要求的前提下，指定的目标性能达到最优，例如重量最轻、造价最低等。近些年来，随着优化算法和计算机科学的迅速发展，结构优化，特别是结构拓扑优化方法的研究和应用得到了巨大的发展[15-18]。结构优化方法正以其高效、可靠、系统的结构设计策略改变着传统的工业设计流程。

材料的有效利用一直是设计师追求的目标，也是结构优化研究领域不变的话题。通常来说，结构优化问题可分为三类：尺寸优化、形状优化和拓扑优化[19]，如图 2-1 所示。

尺寸优化是最早被提出的结构优化问题，而结构的几何形状和拓扑形式是固定不变的，优

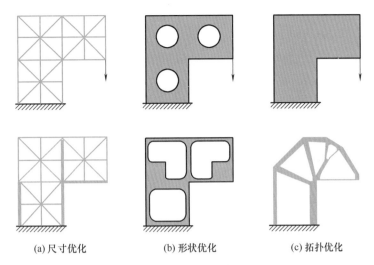

(a) 尺寸优化　　　　　　(b) 形状优化　　　　　　(c) 拓扑优化

图 2-1　结构优化三类问题

化设计变量通常选取结构的主要尺寸参数，比如杆件的横截面积、板或壳体结构的厚度。这类问题在结构优化领域被划分为结构尺寸优化。

后来，随着结构优化研究的深入，形状优化受到关注，并在结构优化设计中占据越来越重要的地位。形状优化允许结构的形状发生一定的变化，其优化设计变量是结构几何边界，通常选取为结构边界形状的关键控制参数，比如杆系结构的节点坐标、连续体结构内外边界形状参数。和尺寸优化方法一样，形状优化仍然不改变结构的拓扑形式；与尺寸优化方法不同的是，形状优化的主要难点在于如何根据优化的需要建立结构边界的描述方法、优化过程中对结构有限元网格的调整，以及对形状灵敏度的分析。

为了更加有效地利用材料，弥补尺寸优化、形状优化无法改变结构拓扑形式的局限性，结构的拓扑优化设计被提了出来。结构拓扑优化设计问题需要确定结构的连通性。对于离散的杆系结构，如桁架、刚架和网架，确定结构节点间杆件的连接状态；对于连续体结构，如二维平面结构，确定结构内孔洞数量，即结构是单连通还是多连通。将连续体结构拓扑优化设计问题转化为寻求材料在设计域内的最优分布问题，是连续体结构拓扑优化研究中的一个重大突破。在按照这个思想建立的连续体结构拓扑优化的数学模型中，以设计域（拓扑未预先指定）中每一点的材料特征（有无材料微结构参数）为设计变量，采用优化算法，寻求材料在设计域内最优的分布，满足结构设计的目标和约束。材料在设计域的有或无就确定了最优的结构拓扑形式，同时也给出了大致的结构形状和尺寸特征。与尺寸优化和形状优化相比，结构拓扑优化的收益是最大的，同时也是结构优化领域最具挑战性的研究课题之一，已成为结构设计师以及学者关注的研究热点。

2.1.2　常见的几种优化设计模型

在工业上常见的拓扑优化方法有三种，分别是均匀化方法、变厚度法、变密度法。此外，还有一些比较有前途的求解策略方法，如隋允康等提出的 ICM 法、Rozvany 和 Zhou 发明的 SIMP 法等。

2.2　拓扑优化的概念　▶▶▶

2.2.1　拓扑优化的设计理论

1904 年，Micheel 采用解析方法研究了桁架结构拓扑优化，并给出了 Micheel 准则。这是结构拓扑优化设计发展中一个具有里程碑意义的事件。随后,Rozvany 扩展 Micheel 的桁架拓扑优化理论到布局优化。1964 年,Dom 等提出基结构法,将数值计算方法引入优化设计领域,克服了桁架拓扑优化理论的局限性。Rossow 和 Taylor 提出了基于有限元法的结构拓扑优化法,使得拓扑优化的研究开始活跃起来。

拓扑优化方法依据其算法主要分为两类:基于梯度的方法和非基于梯度的方法。在基于梯度的方法中,设计变量往往是连续变量,在计算过程中需要求响应函数关于设计变量的一阶或二阶导数,并采用数学规划方法求解优化问题;而在非基于梯度的方法中,设计变量一般是离散的变量,优化过程依赖于随机或种群算法对于性能函数的估值。

优化设计有三要素,即设计变量、目标函数和约束条件。设计变量是在优化过程中发生改变从而提高性能的一组参数。目标函数就是要求最优的设计性能,是关于设计变量的函数。约束条件是对设计的限制,是对设计变量和其他性能的要求。

2.2.2 拓扑优化设计的一般工作流程

大多数拓扑优化设计的一般工作流程如下 [20]。

① 确定零件的受力和约束:首先对模型零件进行分析,获得零件在实际使用过程中的受力状态,包括受力类型、大小、方向和位置,以及与其他零件之间的配合关系,获得零件的运动副。需要注意的是,正确、合理地理解作用在零件上的真实力和约束对于拓扑优化至关重要,将直接导致优化后的零件的可靠性。

② 简化初始零件模型:根据零件预留的空间位置,确定零件的原始尺寸;分析确定初始零件中与受力、约束等有关的必须保留的区域,删除设计中由于传统制造而产生的其他特征。

③ 初始力学性能计算:根据零件材料、受力和约束等条件,进行有限元计算,获得零件的初始力学性能指标,包括位移、安全系数、米塞斯(Mises)等效应力等。

④ 确定可优化的"设计空间":避免优化过程中改变需要保留的区域,设计空间区域为可以优化的区域。

⑤ 确定零件的工作工况:一般而言,零件的受力工况是多样的,在实际操作过程中,可以在每种工况中使用单一的力。可以通过模拟特定工况下的最坏情况来设计最优零件,然后将各种工况的设计概念组合成一个涵盖所有受力工况的新设计。但是,如果了解每个单独力的影响,也可以同时设置多个受力的优化。

⑥ 执行拓扑优化:可以选择成熟的专用软件或自编程序完成拓扑优化工作。

⑦ 模型光顺化与重构:拓扑优化生成的是粗糙的模型,需要进行平滑处理将其转换为平滑模型。此过程可以采用专用软件完成。

⑧ 力学性能校核计算:在模型几何重构结束之后,对几何重构后的零件进行有限元计算,获得优化后的零件的最终力学性能指标,包括位移、安全系数、米塞斯等效应力等,以确认优化后的零件力学性能满足使用要求。

需要注意的是,实际拓扑优化结果为多次迭代优化结果,需要借助有限元分析确认优化结果的安全系数,循环重复拓扑优化,获得优化的拓扑优化结构;另外,拓扑优化可以在不降低力学性能的条件下减少材料用量,因此可以使用比原始材料更昂贵和 / 或更佳的材料,以获得性能更优异、更轻巧的结构零件。

2.3 认识 Inspire 软件 ▶▶▶

Altair Inspire(简称 Inspire)是一种概念设计工具,可用于结构优化、有限元分析、运动分析和增材制造分析。软件使用拓扑、形貌、厚度、点阵和 PolyNURBS 优化生成能够适应不同载荷的结构形状，采用多边形网格，可以将其导出到其他计算机辅助设计工具中，作为设计灵感的来源，也可以生成 STL 格式文件快速进行成形设计。图 2-2 所示为 Inspire 结构优化设计流程 [21, 22]。

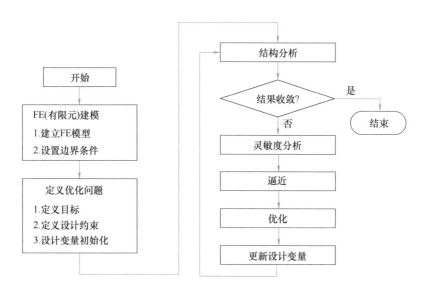

图 2-2　Inspire 结构优化设计流程

2.3.1　Inspire 工作流程

Inspire 结构优化工作流程如图 2-3 所示。

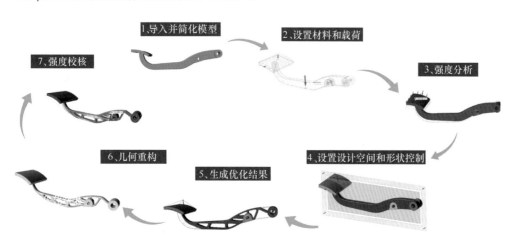

图 2-3　Inspire 结构优化工作流程

2.3.2　Inspire 功能介绍

Inspire 可以实现分析、优化、运动仿真、几何重构和制造工艺仿真，其主要功能包括：草图和几何设计、PolyNURBS 建模、结构仿真、运动仿真与优化、制造仿真和 3D 打印工艺仿真（支持激光粉末床熔融和黏结剂喷射成形两种工艺）等，具体功能如图 2-4 所示 [23]。

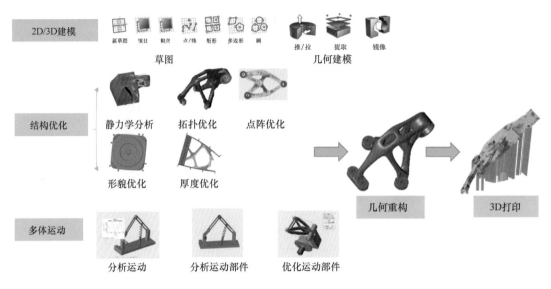

图 2-4 Inspire 的功能

2.3.3 Inspire 建模功能介绍

三维建模（3D Modeling）是指利用三维制作软件通过虚拟三维空间构建出具有三维数据的模型，根据行业需求的不同可以分为多边形建模（Polygon Modeling）、曲面建模（NURBS Modeling）、参数化建模（Parametric Modeling）、逆向建模（Reverse Modeling，未介绍）、PolyNURBS 建模。

不同建模方式，特点不同，作用也不同；不同建模方式对应着不同的行业需求。例如：工业类建模要求尺寸精确，利用参数化建模非常必要；娱乐业对视觉表现力没有高要求，利用多边形建模就可以了。

（1）多边形建模

多边形建模（Polygon Modeling）是目前三维软件中比较流行的建模方法。

多边形建模对象一般由 Vertex（点）、Edge（边）、Face（面）、Element（整体元素－实体）构成。点连成一条边，边构成面，面构成体，这是多边形建模的基础原理。

通常情况，一个完整模型更多由规则四边形组成，多边形建模非常适用于对精度要求不高的建模，多用于影视、游戏。

（2）曲面建模

曲面建模（NURBS Modeling）通俗解释为：一个顶点可以改变控制范围的建模方式。简单地说，NURBS Modeling 是一种专门做曲面物体的造型方法，NURBS 造型总是由曲线和曲面来定义，在 NURBS 表面生成一条有棱角的边非常困难。NURBS Modeling 非常适合创建光滑的物体，如数码产品、汽车等。但是这种建模的缺点也很明显——操作烦琐而且很难精准参数化。

（3）参数化建模

参数化建模（Parametric Modeling）是 20 世纪末逐渐占据主导地位的一种计算机辅助设计方法，是参数化设计的重要过程。

对参数化建模的模型的设计进行更改后，模型会自动更新，能够轻松捕获设计意图，使用户更容易定义模型在进行某些更改后应有的行为方式，轻松定义和自动创建同一系列的零件，与制造工艺完美结合，缩短了生产时间。此类建模方式多用于产品设计、室内设计、建筑设计、工业设计等。利用参数化建模创建的模型也可以导出到三维软件中进行可视化渲染。

（4）PolyNURBS 建模

在 Inspire 软件中，除了提供参数化建模功能，还提供 PolyNURBS 建模功能。Poly 是 Polygon 的缩写，含义为多边形建模。NURBS 是 Non-Uniform Rational B-Splines 的缩写，含义是非均匀性有理 B 样条曲线（俗称曲面建模）。

PolyNURBS 融合了 Polygon（多边形）建模的自由性和 NURBS（非均匀性有理 B 样条曲线）建模的精确性。

2.3.4 菜单栏和工具栏

本书采用的是 Inspire 2021.2.1 版本，各版本之间有所差异。Inspire 启动界面如图 2-5 所示。

界面中包括功能区、模型视窗、模型浏览器、属性编辑器和状态栏等。其中功能区包括："文件""编辑""视图"3 个基础工具菜单，以及"草图""几何""PolyMesh""PolyNURBS""结构仿真""运动""制造"和"Print3D"8 个模块（图 2-6 ～图 2-8）。

图 2-5 Inspire 启动界面

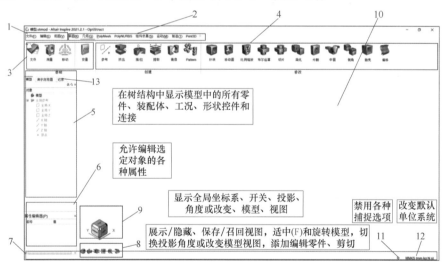

图 2-6 Inspire 软件界面

1—下拉菜单；2—功能区；3—基础工具栏（固定）；4—组；5—模型浏览器（F2）；6—属性编辑器（F3）；7—状态栏；8—查看控件；9—指南针；10—模型视窗；11—捕捉过滤器；12—单位系统选择器；13—历史进程浏览器

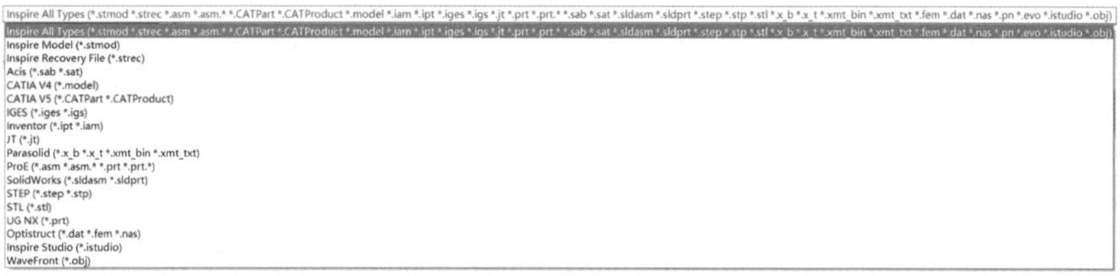

图 2-7 打开 / 导入的格式

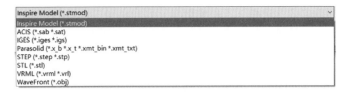

图 2-8　另存为的格式

2.3.5　图标

需要注意的是，Inspire 中一些图标为多功能图标，即一个图标包含多个命令，比如"测量"图标（图 2-9），主要功能为测量几何体特征，将光标移动指向"测量"工具图标，图标将扩展为"角度""测量框""测量长度""测量重量"和"列出测量值"共计 5 个小图标。

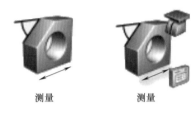

测量　　　　测量

Inspire 中一些图标为主图标，单击主图标能够打开次级图标。单击"简化"工具图标，主图标下方将列出"印迹""圆角""孔""填塞"共计 4 个次级图标（图 2-10）。

图 2-9　多功能图标

简化　　　　印迹　　　圆角　　　孔　　　填塞

图 2-10　"简化"主图标和次级图标

2.3.6　属性编辑器

"属性编辑器"可显示和编辑所选对象的全部属性。按 F3 键打开"属性编辑器"，或者使用"视图"菜单。

默认情况下，"属性编辑器"停靠在应用窗口的左侧，但也可根据需要取消停靠或改变位置。

"名称""材料"和"颜色"等属性可以赋给不同的对象，包括零件、载荷、形状控制或者整个模型。赋给某一对象的属性随着所选对象类型的变化而变化。例如，"材料"可以赋给零件，但不能赋给载荷或固定约束。

如果选中多个对象，则只有这些对象共同的属性会显示在"属性编辑器"中。

不可编辑的属性显示为灰色。

如图 2-11 所示为零件的属性编辑器，可直接通过"属性编辑器"查看某个零件的所有属性。零件的重要属性如表 2-1 所示。

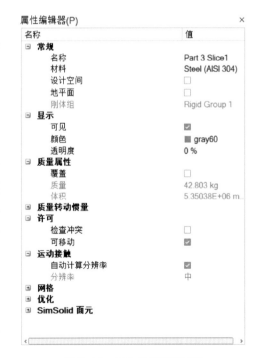

图 2-11　零件的属性编辑器

表 2-1 零件的重要属性

属性	说　明
名称	零件名称可以是任意文本字符串，其中可包括空格，但应尽量避免使用字符 "、'、*、? 和 $。如果使用这些字符，则在将模型导出到其他应用程序中时容易产生错误
材料	模型中的每个零件都会分配到一种材料。默认材料是钢，通过右击零件在弹出的右键菜单中选择材料，即可为零件指定不同的材料
设计空间	表示零件是否属于设计空间。如果要对零件进行优化，则必须将该零件指定为设计空间
地平面	表示零件是否接地
质量属性	只有在"偏好设置"中将"Mass Calculation"设置为"On"时，质量属性才可见。"自动计算质量"表明是否根据体积和材料密度自动计算质量值
可见	表明所选对象是否在模型视窗中可见。单击"模型浏览器"中相应的图标，或者使用"可见"属性均可显示和隐藏模型视窗中的零件。当一个零件处于隐藏状态时，其图标在"模型浏览器"中显示为灰色
颜色	表示所选对象显示在模型视窗中时被赋予的颜色。零件默认颜色是灰色，通过右击零件在弹出的右键菜单中选择颜色，即可为零件分配一种不同的颜色
透明度	用于改变所选对象的透明度，用百分比表示。默认透明度为 0%
检查冲突	表明是否为所选零件启用冲突检测，以防模型中的零件互相重叠
可移动	表明所选零件在模型视窗中是固定的还是可以移动的
网格	"自动计算单元尺寸"表明是否自动计算用于求解的最小和平均单元尺寸。取消选中后可手动输入这些值。"缩小最小单元尺寸"将增加使用若干小单元的区域中的结果细节。"平均单元尺寸"控制结果的整体细节
优化	"自动计算厚度"表明是否自动计算最小和最大厚度值。计算过程中将考虑模型的所有零件。取消选中后可手动输入这些值。"最小间距"属性允许为拓扑优化定义结构部件之间的最小距离
质量转动惯量	"自动计算转动惯量"表明是否自动计算质量转动惯量。取消选中后可手动输入这些分量值

2.3.7　偏好设置

为了提高软件的使用便捷性和实现定制化，软件提供了"偏好设置"功能，主要是修改工作区显示、默认键盘快捷键和其他设置。

选择"文件"菜单，单击"偏好设置"按钮，打开"偏好设置"窗口，如图 2-12 所示。该窗口主要分为"工作区""键盘快捷键""截屏""捕捉""Inspire""Print3D""缩孔""变薄"共计 8 个模块。

图 2-12　"偏好设置"窗口

（1）偏好设置：工作区

"工作区"模块主要功能为定义用户界面的偏好设置，包括显示和语言。

在"工作区"界面，可设置主题颜色，选择用户界面的语言（图2-13）。比如，通过设置"主题"，改变 Inspire 软件主题背景色，颜色选择包括"灰色""灰色渐变""白色"等共计7种。

图 2-13 "工作区"的"偏好设置"界面

（2）偏好设置：键盘快捷键

"键盘快捷键"模块主要功能为定义常用命令的键盘快捷键的偏好设置，包括"新建""打开""导入""另存为"，以及"视图"帮助等快捷键。图2-14所示为"键盘快捷键"的"偏好

图 2-14 "键盘快捷键"的"偏好设置"界面

设置"界面。

（3）偏好设置：截屏

"截屏"模块主要功能为定义视频和捕捉设置的偏好设置。在"截屏"模块，分为"捕捉设置"和"视频设置"（图 2-15）。其中"捕捉设置"用于设置截屏保存的默认文件位置等，"视频设置"用于设置视频格式等信息。

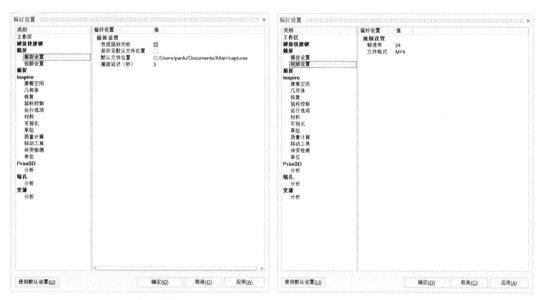

(a) 捕捉设置　　　　　　　　　　　　(b) 视频设置

图 2-15 "截屏"的"偏好设置"界面

（4）偏好设置：捕捉

"捕捉"模块定义捕捉的偏好设置。通过勾选或取消，来设置捕捉特征，包括"栅格""中心""中部""中心弧""四分位"等共计 9 个特征（图 2-16）。

选项	描述	注意
捕捉到可见	仅捕捉到可见几何体。	这有助于防止捕捉到其他零件后面的零件上。
栅格	在草绘或移动时，可捕捉到栅格上的最近一点。	使用绘图下的"偏好设置"窗口可对栅格点间隔进行更改。
结束	捕捉到端点。	
中部	捕捉到中点。	
中心	捕捉到中心点。	
中心弧	捕捉到弧心点。	
相交	捕捉到交点。	
四分位	捕捉到四分点。	
在	用鼠标光标捕捉到草绘上任一点。	只在草绘模式下有效。

图 2-16 "捕捉"的"偏好设置"界面

（5）偏好设置：Inspire

"Inspire"模块定义鼠标控制的偏好设置以及与信息计算和显示方式相关的选项（图 2-17）。

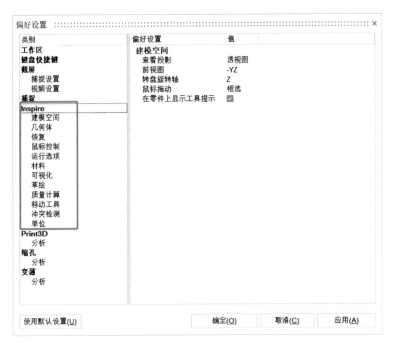

图 2-17 "Inspire"的"偏好设置"界面

① 鼠标控制。对移动、查看和旋转控制所指定的鼠标左右键进行定义，可设置使用与另一应用程序（旧版 HyperWorks、CATIA、Creo、UGNX、SolidWorks 等常用软件）相同的操作方式，如图 2-18 所示。可对 Inspire 的预设鼠标控制进行编辑。单击"偏好设置"窗口左下角的"使用默认设置"，即可还原预设值。

② 运行选项。"运行选项"的"偏好设置"界面如图 2-19 所示，"运行选项"的"偏好设置"项目描述如表 2-2 所示。

图 2-18 "鼠标控制"设置

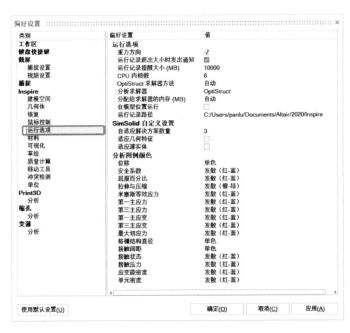

图 2-19 "运行选项"的"偏好设置"界面

表 2-2 "运行选项"的"偏好设置"项目描述

运行选项	描述
重力方向	在运行优化或分析时，如果结构重量相对于所受载荷比较大，那么应该考虑重力。默认情况下，重力作用方向与 Z 轴相反，但可通过下拉菜单更改其方向
运行记录超出大小时发出通知	如果希望 Inspire 在运行记录超过下方字段中设定的提醒大小时发出通知，则启用该选项
运行记录提醒大小 (MB)	指定运行记录的最大尺寸。如果启用了 "Notify when run history exceeds size" 选项，当运行记录超过设定值时，即会发出通知
CPU 内核数	运行优化或分析时使用的 CPU 内核数。对于大模型，使用两个或两个以上的内核可以显著减少计算时间
OptiStruct 求解器方法	选项：标准、DDM、自动 • 标准：使用求解器的标准模式 • DDM：使用不同版本的求解器，该版本对于较大模型更加高效 • 自动：让 Inspire 确定使用哪种方法
分析求解器	选择使用 SimSolid 或 OptiStruct 作为分析求解器 SimSolid 求解器仅能用于分析，不能用于优化
分配给求解器的内存 (MB)	指定分配给求解器的最大内存
在模型位置运行	如果要将运行记录存储在模型所在的目录中，而不是运行记录路径中，则启用该选项
运行记录路径	指定运行记录的默认存储位置
分析图例颜色	更改分析结果类型的图例颜色
SimSolid 自定义设置	自适应解决方案数量：要提高整个装配的精度，需要增加自适应解决方案迭代的次数，范围为 3 ~ 6 适应几何特征：使用在局部几何特征处对应力梯度区域有更强适应性的特殊场合，仅适用于结构线性和非线性静态分析，不适用于模态或热分析 适应薄实体：提供特殊功能，以便在薄弯曲实体区域获得更精确的显示结果，最佳实践是在本地对每个零件使用该功能

③ 草绘。"草绘"的"偏好设置"项目选项如表 2-3 所示，"草绘"的"偏好设置"界面如图 2-20 所示。

表 2-3 "草绘"的"偏好设置"项目描述

草绘	描述
捕捉到栅格	该功能默认启用，可在草绘曲线或移动零件时将对象捕捉至栅格。取消勾选该复选框即可关闭捕捉
仅捕捉到可见栅格	限制捕捉功能，仅捕捉到可见栅格
使草绘平面垂直于视图	当在某个零件上进行草绘时，如果希望 Inspire 自动旋转该零件以使草绘平面与视图垂直，则启用该选项。如果要保持草绘平面的真实视图，则应取消选定该选项
自动施加约束	草绘约束是可作用于草绘曲线上的特定限制或约束。某些草绘实体在创建时会自动添加草绘约束，比如矩形的两边会有直角约束。禁用该选项，即可在草绘时停止自动添加约束
使用打断工具后自动施加约束	默认情况下，使用"打断"工具后即可自动施加草绘约束。禁用该选项，即可在使用上述工具后停止自动施加约束
定义自动相切角度	连接直线与弧时，如果二者接近相切，则会自动施加相切约束。使用该选项，即可在施加相切约束的同时界定弧与直线之间的最大偏差角度
定义自动垂直角度	两条线相连时，如果二者接近垂直，则会自动施加垂直约束。使用该选项，即可在施加垂直约束的同时界定两线的最大垂直偏差角度
定义自动水平或竖直角度	草绘线段时，如果线段与栅格接近对齐，则会自动施加水平或竖直约束。使用该选项，即可在施加上述约束的同时界定线段与栅格之间的最大偏移角度
栅格间距	Inspire 有 5 个递增的栅格点间隔等级。要改变某个栅格的默认间隔，请在"栅格点间隔"文本框中输入数值。公制和英制单位下的栅格间隔将被分别保存。单击"使用默认设置"可恢复到默认值

图 2-20 "草绘"的"偏好设置"界面

④ 单位。包括模型单位和显示单位（表 2-4）。

表 2-4 "单位"的"偏好设置"项目描述

单位	描述
模型单位	更改用于"运动"分析计算的单位系统。所有结构分析和优化运行均使用 MKS（国际单位制）单位。要以不同的单位运行结构分析或优化，请导出首选单位并手动运行
显示单位	更改用于用户界面的单位系统

（6）偏好设置：Print3D

"Print3D"模块定义 3D 打印的偏好设置，包括"底切选项""支持选项""运行选项"和"分析图例颜色"（图 2-21）。

① 底切选项。"底切选项"设置如表 2-5 所示。

② 支持选项。"支持选项"设置如表 2-6 所示。

③ 运行选项。"运行选项"设置如表 2-7 所示。

④ 分析图例颜色。"分析图例颜色"设置如表 2-8 所示。

图 2-21 "Print3D"的"偏好设置"界面

表 2-5 "底切选项"设置

底切选项	描述
最小支持面积	用来定义应为其生成支撑（支持）的最小面积。小于该面积的区域由于尺寸小会被认为能够自我支撑，且不会显示支撑预览，即便通常由于"角度底切"而需要支撑预览
角度底切	角度底切小于或等于此处定义的值的任何区域都将显示为需要支撑

表 2-6 "支持选项"设置

支持选项	描述
支持间距	用于调整支撑之间的间距

表 2-7 "运行选项"设置

运行选项	描述
在模型目录中运行	如果要将运行记录存储在模型所在的目录中，而不是运行记录路径中，则启用该选项
运行记录路径	指定运行记录的默认存储位置
CPU 内核数	运行分析时使用的 CPU 内核数。对于大模型，使用两个或两个以上的内核可以显著减少计算时间

表 2-8 "分析图例颜色"设置

分析图例颜色	描述
打印	选择用于 Print3D 分析结果的图例颜色方案

（7）偏好设置：缩孔

"缩孔"模块定义缩孔分析的偏好设置（图 2-22）。

（8）偏好设置：变薄

"变薄"模块定义变薄分析的偏好设置（图 2-23）。

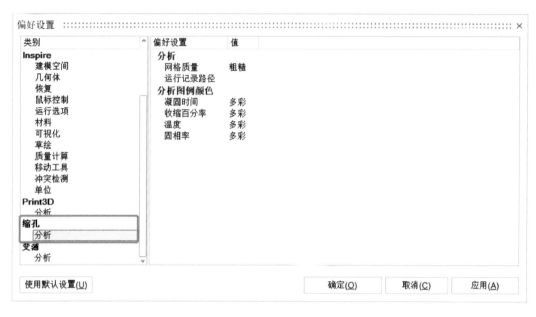

图 2-22 "缩孔"的"偏好设置"界面

图 2-23 "变薄"的"偏好设置"界面

2.3.8 模型浏览器

"模型浏览器"采用树形结构显示模型中的所有对象，按 F2 键打开"模型浏览器"，或使用"视图"菜单，如图 2-24 所示。

使用"模型浏览器"可以寻找和搜索模型中的对象，显示和隐藏模型中的对象，将零件组织为装配和转换，将载荷、固定约束和位移约束组织为载荷工况，也可以通过激活和停止激活零件和装配来配置模型。

默认情况下，"模型浏览器"停靠在应用窗口的左侧，但也可根据需要取消停靠或改变位置。

"模型浏览器"中每个对象前面都有一个表明该对象类型的图标。

通过在"模型浏览器"中右击"对象"列打开浏览器"属性"窗口的方式，可以显示诸如"质量""单元尺寸"和"厚度"等属性。

此外，如果在"模型浏览器"中没有显示"质量"，则右击"对象"，选中"质量"即可（图2-25）。

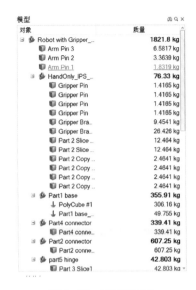

图 2-24　模型浏览器

图 2-25　"质量"属性

2.4　"基础"工具栏命令 ▶▶

"基础"工具栏中包括"文件"（本节未介绍）"测量""移动"和"变量"4个命令（图2-26）。

2.4.1　测量

使用"测量"工具可以测量几何体特征，包括长度、角度和边界框的尺寸。

位置：所有功能区的"基础"图标组。

将光标移动到"测量"工具上，单击出现的卫星图标，即可查看模型中所有测量的列表。

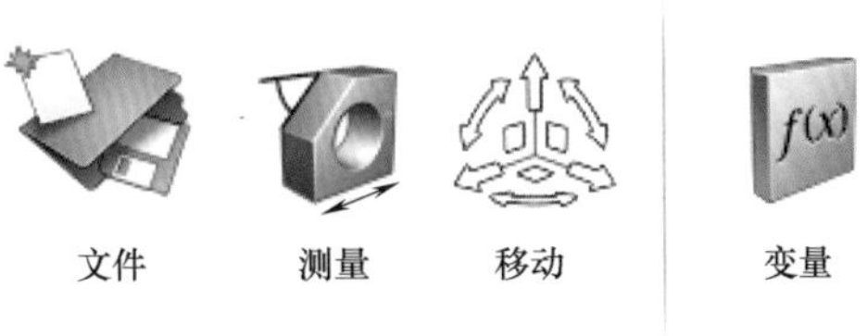

文件　　测量　　移动　　变量

图 2-26　"基础"工具栏

提示：退出工具后，测量值将继续存在，并在"模型浏览器"中列出，在更改几何体时动态更新测量值。

在模型视窗中双击"测量长度"，将获得全局坐标系中距离向量的 X、Y 和 Z 分量。

2.4.2　移动

使用"移动"工具移动、旋转和对齐零件和其他实体。

拖动白色的面或箭头操纵器来移动选中的对象，或者在小对话框中输入一个值，精确控制对象的移动距离。此外，还可以选择用面或箭头来将移动或旋转限制在所选平面或方向上。选择工具中心以 3D 方式移动（图 2-27 ~ 图 2-30）。

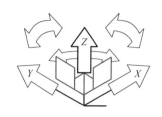

图 2-27　在一个面上进行 1D 移动

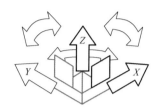

图 2-28　在一个面上进行 2D 移动

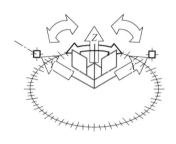

图 2-29　在一个面上进行 2D 旋转

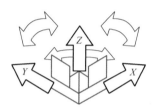

图 2-30　3D 移动

特定类型的实体（如零件、集中质量和力）可以使用"移动"工具移动。其他实体（如草绘实体等）不可以移动，因为这些实体的位置和方向由使用这些位置和方向的对象决定。移动或旋转一个零件时，所有施加该零件的实体都会随之移动或旋转。

2.4.3　变量

在建模时创建变量并将其分配给参数。

（1）管理变量

使用"变量管理器"可以编辑变量、创建新变量以及以 .csv 格式导入或导出变量。

在基础工具栏中，选择"变量"工具 $f_{(x)}$，如图 2-31 所示，显示"变量管理器"。变量管理器操作如表 2-9 所示。

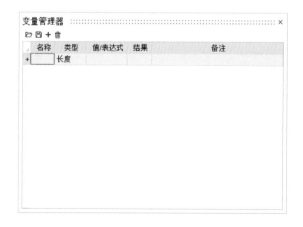

图 2-31　变量管理器

表 2-9 变量管理器操作

需求	操作
从 .csv 文件导入变量	单击 📂
将变量导出到 .csv 文件	单击 🖫
删除一个或多个变量	选择一个或多个变量 单击 🗑
添加新变量	选择一个空的名称字段或单击 ＋，输入名称，然后按 Enter 键 重要提示：该名称字段不能留空。变量的名称不能包含数学运算符、数值、数学常数、保留的 Python 关键字或单位说明符。名称可以包含下划线"_"，但不能包含空格或其他特殊字符
	在"类型"列中，选择一个变量类型： 长度（默认）：这不仅指长度，还指高度、宽度和直径 角度 字符串：Inspire 当前不支持此选项 无单位：选择此选项无量纲参数
	在"值/表达式"列中，输入一个数值，或指定变量之间的相关关系，例如 Other-Variable*2。接受基本数学运算符（＋、－、/、*）和标准 Python 数学函数
	Inspire 会自动填充结果字段
	在"备注"列中，输入相关注释
编辑变量	选择要编辑的字段并输入新信息

提示：单位是根据上下文自动分配的。如果没有为新的"长度"变量指定单位，则根据单位选择器的当前设置分配单位。

"变量管理器"中允许分组表达式，但某些表达式无效，例如将两个基于单位的值相乘。

（2）将变量应用于参数

将变量应用于参数，或从工具小对话框动态创建新变量。可以通过各种草图或几何工具中的小对话框应用现有变量并添加新变量。

在工具的小对话框中，单击"f（x）"图标（图 2-32）。

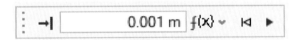

图 2-32 带有可变字段的小对话框示例

在下拉菜单中，选择"添加变量"，以根据文本字段中的尺寸创建新变量，或选择现有变量的名称。

单击"应用"将变量应用到构造特征。

右击并通过复选标记退出，或双击鼠标右键退出。

提示：还可以通过在小对话框的文本字段中输入新名称和表达式来创建变量，例如 Variable1=50。

此外，还可以基于现有变量创建新变量，例如 Variable2=Variable1*0.5。

2.4.4 教程：变量操作案例

① 在"草图"功能区选择"点/线"工具 🖋。

② 选择 Y 面，在此面上任意绘制图形形状，如图 2-33 所示。

③ 在"草图"功能区选择"尺寸"工具，获得各关键尺寸，如图 2-34 所示。

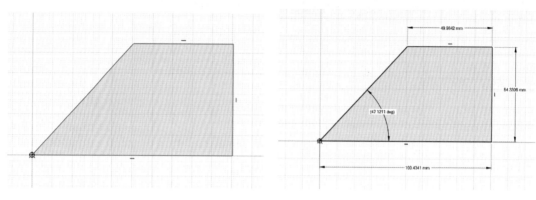

图 2-33　草图　　　　　　　　　　　　　图 2-34　"尺寸"工具

④ 双击底部宽度尺寸，输入"width=100.0000mm"，或者单击"f（x）"图标，选择生成变量（图 2-35）。

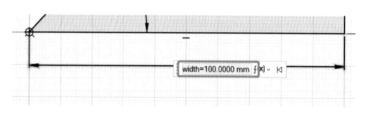

图 2-35　生成变量（1）

⑤ 双击右部高度尺寸，输入"height=width/2"，高度自动设置为宽度一半，按 Enter 键后显示为 50mm（图 2-36）。

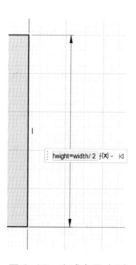

图 2-36　生成变量（2）

⑥ 双击上部宽度尺寸，输入"width2=width-20mm"，上部宽度自动设置为底部宽度减去 20mm，按 Enter 键后显示为 80mm（图 2-37）。

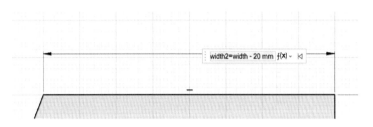

图 2-37 生成变量（3）

⑦ 最终图形如图 2-38 所示。

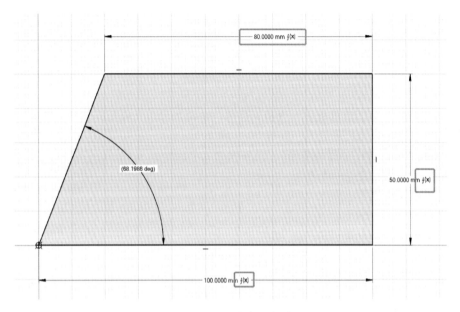

图 2-38 生成变量（4）

⑧ 如果修改 "width" 为 200.0000mm，其余尺寸将自动按变量修改，如图 2-39 所示。

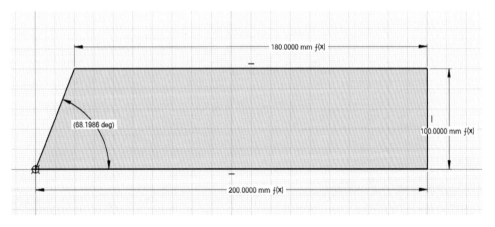

图 2-39 自动修改变量

⑨ 在"基础"工具栏选择"变量"工具，弹出"变量管理器"，显示变量列表，如图 2-40 所示。

31

图2-40 变量管理器

需要注意的是，可以直接先在"变量管理器"中增加和定义变量，然后在工具的小对话框中单击"f（x）"图标（图2-32）。

在下拉菜单中，选择"添加变量"，以根据文本字段中的尺寸创建新变量，或选择现有变量的名称。变量设置如图2-41所示。

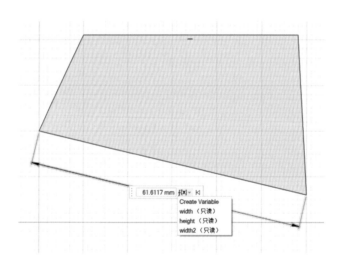

图2-41 变量设置

思考题 ▶▶

1. 简述三类结构优化问题的定义。

2. 简述拓扑优化设计的一般工作流程。

3. 简述利用 Altair Inspire 软件进行结构优化设计的 8 步工作流程。

4. 简述 Altair Inspire 软件的基本功能。

5. 请罗列几个"偏好设置"的常用设置功能。

任务训练 ▶▶

任务：利用 Altair Inspire 的草图、变量等命令绘制如图 2-42 所示的锥形臂。

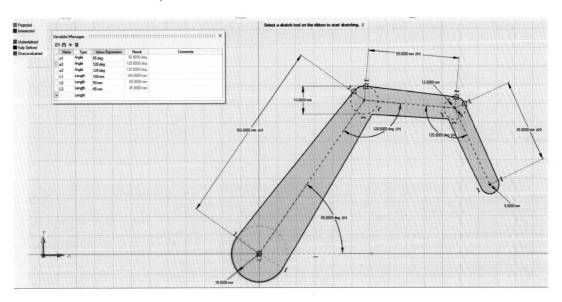

图 2-42 锥形臂

第3章 Altair Inspire 结构优化设计工程案例

学习目标

知识目标

（1）掌握结构优化基本概念和基本思想；

（2）掌握结构优化的操作步骤；

（3）掌握力学性能分析的基本结果类型及含义。

技能目标

（1）能够完成零件拆分；

（2）能够完成零件力学性能分析；

（3）能够通过零件力学性能分析结果预测缺陷；

（4）能够完成零件结构优化；

（5）能够完成零件拟合 PolyNURBS 几何重构。

素养目标

（1）培养学生的实践能力、创新能力；

（2）培养学生严谨的治学态度和精益求精的工匠精神。

考核要求

完成本章学习内容，能够对零件进行强度分析和结构优化。

3.1　案例：汽车刹车踏板的拓扑结构优化　▶▶▶

该案例选自"全国大学生先进成图技术与产品信息建模创新大赛"轻量化赛项国赛题目。

3.1.1 结构优化基本步骤

结构优化基本步骤如图 3-1 所示。

3.1.2 模型说明

已知汽车踏板总成中的刹车踏板零部件（图 3-2），踏板零部件根据实际的受载情况进行适当的简化调整，主要的载荷来自垂直于踏板面的力、垂直于踏板侧面的力，端部和中间的孔为安装孔，使用固定约束和力来表征安装孔的固定和受力情况（图 3-3）。

汽车刹车
踏板模型

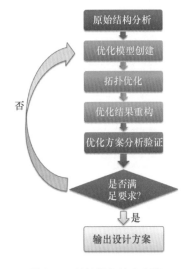

图 3-1　结构优化基本步骤

图 3-2　刹车踏板零部件示意图

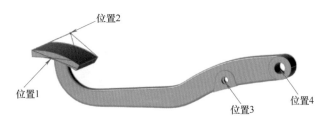

图 3-3　刹车踏板关键位置示意图

零部件材料及载荷条件：

① 材料：ABS（丙烯腈 - 丁二烯 - 苯乙烯共聚物）。

② 约束：中间两处圆柱孔位置分别施加固定约束 1、固定约束 2，分别释放旋转自由度（图 3-3 位置 3），末端圆柱孔位置施加固定约束 3（图 3-3 位置 4）。

③ 载荷：施加两个力，力 1 沿 Z 轴负方向，大小为 50N，力 1 作用点位置为（111mm，0mm，63.2mm），作用点与作用在踏板面上的连接器连接（图 3-3 位置 1）；力 2 沿 Y 轴正方向，大小为 50N，力 2 作用点位置为（94mm，-73.6mm，34mm），作用点与作用在踏板侧面上的连接器连接（图 3-3 位置 2）。

④ 载荷工况：

载荷工况 1：固定约束 1、固定约束 2、固定约束 3、力 1。

载荷工况 2：固定约束 1、固定约束 2、固定约束 3、力 2。

⑤ 原始 3D 模型文件：arm_straight.x_t。

⑥ 重构后设计目标：最大变形位移小于 30mm，最小安全系数大于 1.5。初始模型与重构模型的分析单元尺寸为 5mm。结构优化最小厚度约束为 9mm。

3.1.3 操作演示

汽车刹车踏板
拓扑结构优化
操作演示

（1）打开汽车刹车踏板模型

① 打开 Altair Inspire 软件，按 F2、F3 键分别打开"模型浏览器"和"属性编辑器"，按 F7 键打开"演示浏览器"。

② 单击"演示浏览器"，"演示浏览器"中包含了 Altair Inspire 软件自带的指导模型库，即"Motion""Print3D"和"Structures"，分别指的是运动仿真、3D 打印工艺仿真和结构优化三个模块的模型库，如图 3-4 所示。

③ 在"演示浏览器"窗口中，单击"Structures"文件夹，选择"arm_straight.x_t"文件，双击打开"汽车刹车踏板"原始模型，如图 3-5 所示。

图 3-4　演示浏览器　　　　　　　图 3-5　"汽车刹车踏板"原始模型

（2）汽车刹车踏板的几何模型准备

为了区分设计空间与非设计空间，需要将原始模型的刹车踏板由一个零件拆分成 4 个零件（刹车板、刹车杆、连接 1 和连接 2），如图 3-6 所示。

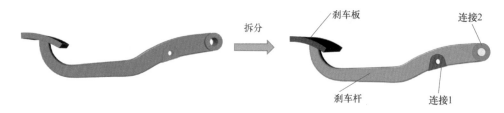

图 3-6　原始模型拆分

① 刹车板的拆分。

a. 单击功能区"草图"模块选项卡，选择刹车板的侧面，自动投影形成刹车板侧面结构线，如图 3-7 所示。双击右键退出"投影"工具。

b. 左键框选上述的刹车板侧面结构线，然后单击鼠标右键，选择"创建曲线"，如图 3-8 所示。双击右键退出"创建曲线"工具。

c. 单击功能区"几何"模块选项卡，单击图标上的"推拉面"命令，选择上述创建的草图 1。

d. 如图 3-9 所示，在弹出的"推 / 拉"对话框中输入"-130mm"，并选择"R"（替换零件）选项，按键盘 Enter 键确认。

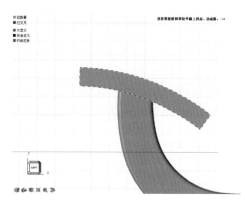

图 3-7　刹车板侧面结构线

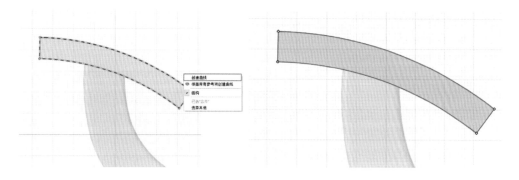

图 3-8　创建曲线（1）

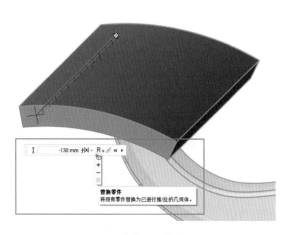

图 3-9　替换零件操作（1）

e. 双击右键退出"推 / 拉"工具。

此时，在"模型浏览器"中出现名为"零件 1"的零件，右击选择"重命名"，重命名为"刹车板"，如图 3-10 所示。至此，刹车板零件拆分完成。

② 连接 1 的拆分。

a. 单击功能区"草图"模块选项卡，选择连接 1 的侧面，自动投影形成连接 1 侧面结构线，如图 3-11 所示。双击右键退出"投影"工具。

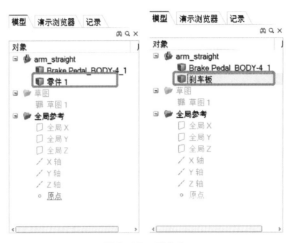

图 3-10　重命名

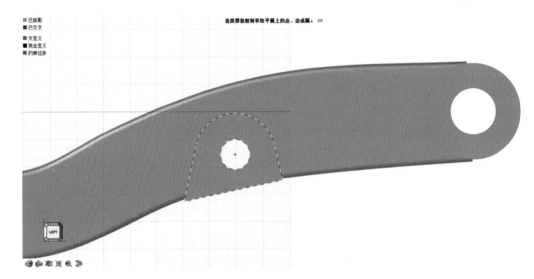

图 3-11　连接 1 侧面结构线

b. 左键框选上述的连接 1 侧面结构线，然后单击鼠标右键，选择"创建曲线"，如图 3-12 所示。双击右键退出"创建曲线"工具。

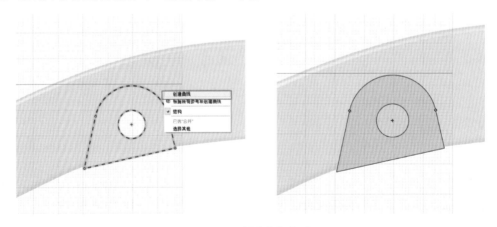

图 3-12　创建曲线（2）

c. 单击功能区"几何"模块选项卡，单击图标上的"推拉面"命令，选择上述创建的草图 2。

d. 如图 3-13 所示，在弹出的"推 / 拉"对话框中输入"-25.000mm"，并选择"+"（创建新零件）选项，按键盘 Enter 键确认。

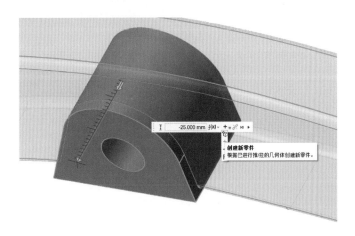

图 3-13 替换零件操作（2）

e. 双击右键退出"推 / 拉"工具。此时，在"模型浏览器"中出现名为"零件 2"的零件，如图 3-14 所示。

f. 单击功能区"几何"模块选项卡，再单击"布尔运算"图标上二级图标"相交"命令，如图 3-15 所示。

g. 单击"目标"后，再单击原始刹车踏板"Brake Pedal_BODY-4_1"；单击"工具"后，再单击"零件 2"，并勾选"保留目标""删除印迹"，如图 3-16 所示。

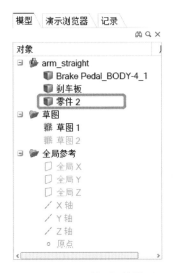

图 3-14 "零件 2"的模型

图 3-15 "布尔运算"二级图标命令

图 3-16 "保留目标"图标命令

h. 双击右键退出"布尔运算"工具。

此时，在"模型浏览器"中出现名为"零件 3"的零件，右击选择"重命名"，重命名为"连接 1"，如图 3-17 所示。至此，连接 1 零件拆分完成。

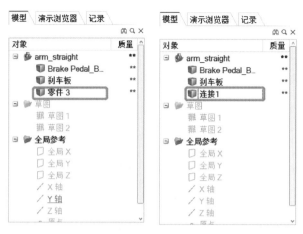

图 3-17　连接 1 零件

③ 连接 2 的拆分。

a. 单击功能区"几何"模块选项卡 ，此时连接 1 的内侧面为红色显示，"分割"命令检索面如图 3-18 所示。

b. 左击该面，在弹出的对话框中输入分割厚度"9mm"，如图 3-19 所示。

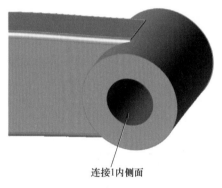

连接1内侧面

图 3-18　"分割"命令检索面

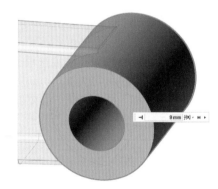

图 3-19　设置分割厚度

c. 双击右键，退出"分割"工具，此时在"模型浏览器"中出现"零件 4"，右击选择"重命名"，重命名为"连接 2"，如图 3-20 所示。至此，连接 2 零件拆分完成。

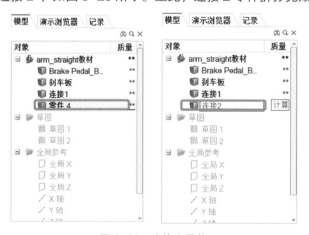

图 3-20　连接 2 零件

以上为原始模型的刹车踏板由一个零件拆分成 4 个零件（刹车板、刹车杆、连接 1 和连接 2）的操作步骤，选择"视图"下拉菜单，单击"自动填色"，如图 3-21 所示。

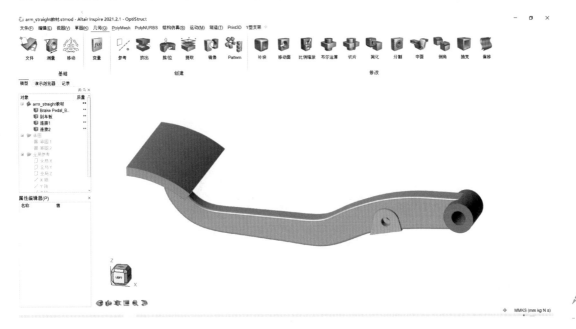

图 3-21　自动填色后的 4 个零件

（3）设置材料

单击功能区"结构仿真"模块选项卡![icon]，弹出"零件和材料"对话框，下拉"材料"菜单，设置 4 个零件的材料为 ABS。

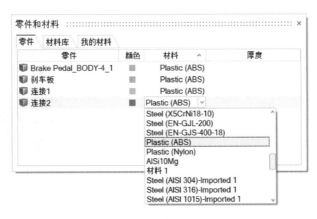

图 3-22　设置材料

（4）创建固定约束

① 创建位置 3 的固定约束。位置 3 的固定约束共有两个，分别命名为"固定约束 1"和"固定约束 2"。

a. 单击功能区"结构仿真"选项卡![icon]，选中"载荷"图标中的底部圆锥形的"施加约束"工具。

b. 单击零件"连接 1"内部圆孔面（即位置 3），在圆孔中心出现圆柱，如图 3-23（a）

所示。然后单击此圆柱，出现透明状双箭头，如图3-23（b）所示，单击该箭头后颜色变为绿色，即完成了该位置"固定约束1"的设置。

　　c.单击零件"连接1"另一侧的圆孔内侧表面，重复上述操作，完成"固定约束2"的设置。

　　d.双击右键退出"施加约束"工具，完成位置3的另一个圆孔的固定约束设置，结果如图3-24所示。

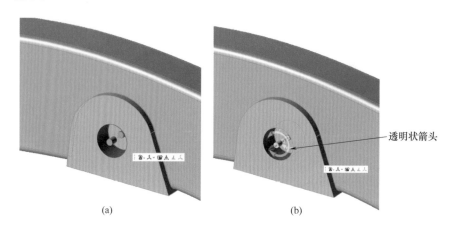

(a)　　　　　　　　　　　　　　　　(b)

图3-23　位置3圆孔施加固定约束

　　② 创建位置4的固定约束。位置4的固定约束共计1个，命名为"固定约束3"。

　　a.单击功能区"结构仿真"选项卡🦌，选中"载荷"图标中的底部圆锥形的"施加约束"工具。

　　b.单击零件"连接2"内部圆孔面（即位置4），在圆孔中心出现圆柱，如图3-25所示，双击右键退出"施加约束"工具，完成了该位置"固定约束3"的设置。

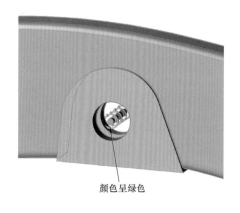

图3-24　位置3圆孔施加固定约束后的结果

图3-25　位置4圆孔施加固定约束后的结果

（5）创建力的载荷

　　根据模型说明可知，刹车踏板受到两个力的作用，且力与刹车踏板通过连接器连接。

　　① 创建力1的载荷。

　　a.单击功能区"结构仿真"选项卡🔩，选中刹车板上表面，出现连接器，鼠标在任意位置左击，出现如图3-26（a）所示的连接器1，在连接器1的"属性编辑器"的"位置"分别输入力1作用点位置（111mm，0mm，63.2mm），结果如图3-26（b）所示。

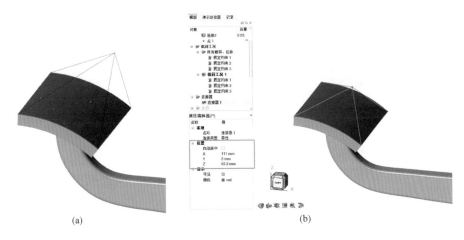

(a)　　　　　　　　　　　　　(b)

图 3-26　连接器 1 的设置

　　b. 双击右键退出"连接器"工具，完成了连接器 1 的设置。

　　c. 单击功能区"结构仿真"选项卡🎯，选中"载荷"图标中的"力"图形，施加单向载荷。

　　d. 单击图 3-26（b）中连接器 1 顶点，出现如图 3-27（a）所示的"单向力"对话框。单击"单向力"对话框中的"Z"，然后输入 50N，即力 1 方向为 Z 轴负方向，大小为 50N，如图 3-27（b）所示。

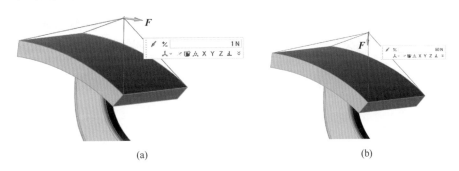

(a)　　　　　　　　　　　　　(b)

图 3-27　力 1 的设置

　　e. 双击右键退出"载荷"工具，完成了力 1 的设置，结果如图 3-28 所示。

　　② 创建力 2 的载荷。

　　a. 单击功能区"结构仿真"选项卡📦，选中刹车板侧表面，出现连接器，鼠标在任意位置左击，出现如图 3-29（a）所示的连接器 2，在连接器 2 的"属性编辑器"的"位置"，分别输入力 2 作用点位置（94mm，-73.6mm，34mm），如 图 3-29（b）所示。

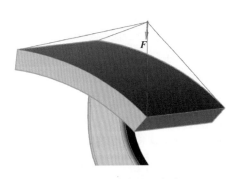

图 3-28　力 1 设置完成

　　b. 双击右键退出"连接器"工具，完成了连接器 2 的设置。

　　c. 单击功能区"结构仿真"选项卡🎯，选中"载荷"图标中的"力"图形，施加单向载荷。

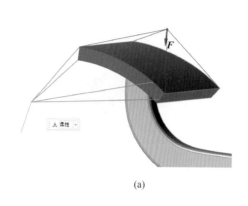

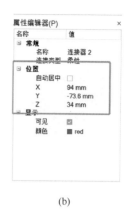

属性编辑器(P)		×
名称	值	
⊟ 常规		
名称	连接器 2	
连接类型	柔性	
⊟ 位置		
自动居中	□	
X	94 mm	
Y	-73.6 mm	
Z	34 mm	
⊟ 显示		
可见	☑	
颜色	■ red	

(a)　　　　　　　　　　　　　　(b)

图 3-29　连接器 2 的设置

　　d. 单击图 3-29（a）中连接器顶点，出现如图 3-30（a）所示的"单向力"对话框。单击"单向力"对话框中的"Y"，然后输入 50N，即力 2 方向为 Y 轴正方向，大小为 50N，如图 3-30（b）所示。

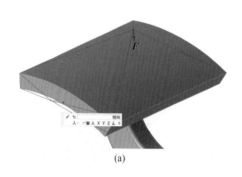

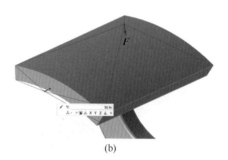

(a)　　　　　　　　　　　　　　(b)

图 3-30　力 2 的设置

　　e. 双击右键退出"载荷"工具，完成了力 2 的设置，结果如图 3-31 所示。

　　③ 创建载荷工况。根据模型说明可知，刹车踏板共有两个载荷工况：

　　载荷工况 1：固定约束 1、固定约束 2、固定约束 3、力 1；

　　载荷工况 2：固定约束 1、固定约束 2、固定约束 3、力 2。

　　具体设置方法如下：

　　a. 单击功能区"结构仿真"选项卡，选中"载荷"图标中"打开载荷工况"图形命令，弹出"载荷工况"对话框，如图 3-32 所示。

　　b. 单击"载荷工况"对话框中的"+"号，增

图 3-31　力 2 设置完成

加"载荷工况 2"，并将"载荷工况 1"和"载荷工况 2"选择为如图 3-33 所示，即载荷工况 1 包括固定约束 1、固定约束 2、固定约束 3、力 1；载荷工况 2 包括固定约束 1、固定约束 2、固定约束 3、力 2。

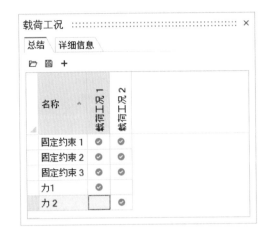

图 3-32 "载荷工况"对话框   图 3-33 设置"载荷工况 1"和"载荷工况 2"

c. 关闭"载荷工况",完成"载荷工况 1"和"载荷工况 2"的设置。

（6）设置重力方向

① 单击功能区"结构仿真",选择"重力"工具 ，在模型视图中,自动出现重力方向和大小,如图 3-34 所示。

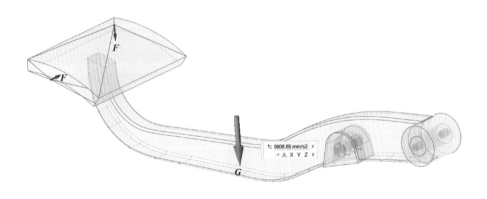

图 3-34 设置重力大小和方向

② 双击右键退出"重力"工具,完成重力大小和方向的设置。

（7）运行力学性能分析

① 单击"结构仿真"功能区,选择"分析"图标 ,单击选择"运行 OptiStruct 分析",此时会出现"运行 OptiStruct 分析"窗口,单击"单元尺寸"后方的"闪电"图标,然后更改"单元尺寸"为 5mm,如图 3-35 所示。

② 单击"运行",开始计算,并弹出"运行状态"框。分析完成后,"分析"图标上将显示绿色旗帜,"运行状态"框中的"状态"为 ,如图 3-36 所示为运行结束提示。

（8）力学性能仿真设计结果查看

① 双击"运行状态"框的名称"arm_straight 教材（1）",进入结果查看,或者单击"arm_straight 教材（1）"后单击"现在查看",弹出"分析浏览器",进入到力学性能仿真设计结果界面。默认显示"位移"结果。

在"分析浏览器"中,选择"载荷工况"为"结果封套",即选择两个载荷工况中危险

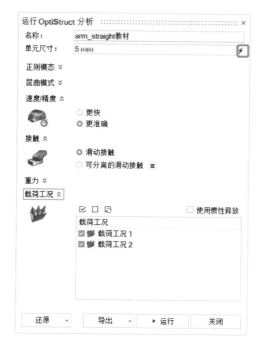

图 3-35　运行分析设置

图 3-36　运行结束提示

的数据封装合并在"结果封套"中。单击"分析浏览器"下方的"数据明细",选择"Min/Max",显示最大、最小值,如图 3-37 所示,位移最大值为 12.41mm。

图 3-37　"分析浏览器"中"位移"结果云图

② 查看力学性能其他结果类型。

安全系数：在"分析浏览器"的"结果类型"下拉菜单中选择"安全系数"。刹车踏板初始最小安全系数为 4.6，如图 3-38 所示。

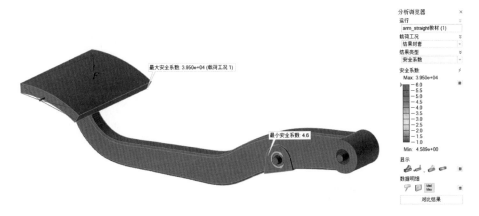

图 3-38　安全系数云图

米塞斯等效应力：在"分析浏览器"的"结果类型"下拉菜单中选择"米塞斯等效应力"。该零件初始最大米塞斯等效应力为 9.805MPa，如图 3-39 所示。

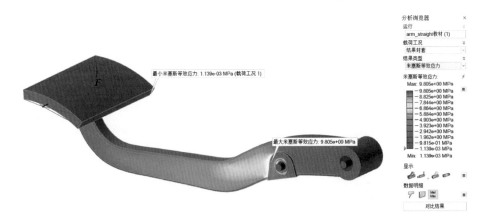

图 3-39　米塞斯等效应力云图

③ 双击右键退出"分析浏览器"。

接下来进入结构优化环节，在进行优化之前，需要对零件进行"形状控制"设置和"定义设计空间"。

（9）形状控制

① 设置对称。

a. 在"结构仿真"模块的"形状控制"图标上选择"对称"工具，此时弹出二级功能区，默认选中的工具为"对称的"。

b. 左击汽车刹车踏板的刹车板零件，此时显示三个红色对称平面，表明三个平面全部处于激活状态，如图 3-40 所示。

c. 由于汽车刹车踏板不满足上下和左右对称，使用鼠标单击这两个对称平面，使其处于关闭状态（平面即变成透明状态），如图 3-41 所示。

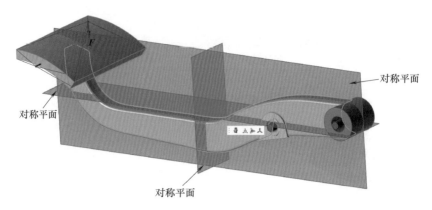

图 3-40 默认的 3 个对称面

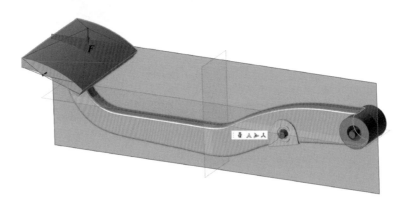

图 3-41 取消 2 个对称面

d. 双击右键退出"对称"工具，完成刹车踏板对称设置，如图 3-42 所示。

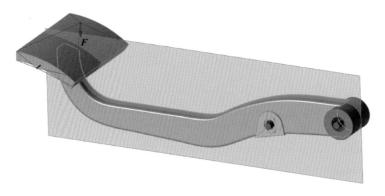

图 3-42 设置对称后的刹车踏板

② 设置拔模方向。

a. 在"结构仿真"模块的"形状控制"图标上选择"拔模方向"工具，此时弹出"拔模方向"二级图标，如图 3-43 所示，默认选中的为"单向拔模"。

b. 单击图 3-43 中的"双向拔模"，然后再单击零件刹车板，弹出如图 3-44 所示的双向拔模面。

| 单向拔模 | 双向拔模 | 辐射状 | 挤出 | 悬空 |

图 3-43 "拔模方向"二级图标

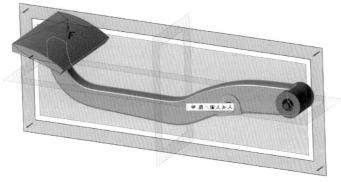

图 3-44　双向拔模设置

c. 双击右键退出"拔模方向"工具，完成刹车踏板"拔模方向"设置，如图 3-45 所示。

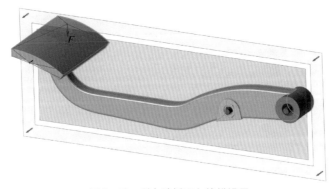

图 3-45　刹车踏板双向拔模设置

（10）定义设计空间

选择设计空间。在运行优化时，所有被定义为设计空间的零件都将生成一个新形状。

该项目中刹车板零件为设计空间。

① 右击刹车板零件。左击框选零件，则零件呈现为黄色，右击弹出菜单，选中"设计空间"，该零件颜色变为咖啡色，见图 3-46。

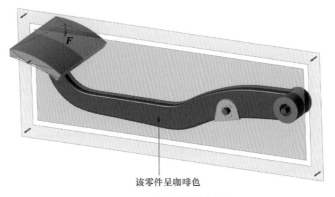

该零件呈咖啡色

图 3-46　设置设计空间

② 双击右键退出"设计空间"工具，完成刹车踏板"设计空间"的设置。

（11）运行优化设计

① 在"结构仿真"模块的"优化"图标中选择"运行优化"工具，此时会出现"运行

优化"窗口，选择"最大化刚度"作为优化目标。

对于"质量目标"，请确保从下拉菜单中选中"设计空间总体积的 %"，并且选择"30"，即生成占设计空间总体积的 30% 的形状。在"厚度约束"下，单击"⚡"，将"最小"更改为 9 mm，如图 3-47 所示。

图 3-47 "运行优化"设置

② 单击"运行"按钮，开始优化计算。此时会弹出"运行状态"框，并显示此次运行状态的进度条，如图 3-48 所示。

图 3-48 "运行状态"框

③ 经过一段时间运算，运行成功完成后，进度条会变"✅"，如图 3-49 所示。

④ 双击"运行状态"框中的运行名称，生成的形状即会显示在模型视窗中，右侧会同时弹出"形状浏览器"，如图 3-50 所示。

图 3-49　运行结束状态框

⑤ 探索优化结果。通过移动"形状浏览器"中的"拓扑"滑块，可调整材料分布，如图 3-51 所示。单击并拖动"形状浏览器"中的"拓扑"滑块，增加或减少设计空间中的材料。

图 3-50　优化后的默认结构

图 3-51　形状浏览器

如图 3-52 所示，本案例中默认优化后结构不连续，这主要是由于该位置的结构尺寸小于一个单元尺寸，因此软件计算形成不连续结构。

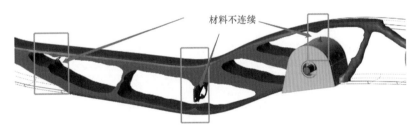

图 3-52　不连续结构

当然，这种不连续结构是不合理的，也是不符合实际的，为消除不连续结构，将"拓扑"滑块往右拖动，获得如图 3-53 所示的结构。

图 3-53　探索优化结构

（12）运行仿真设计

① 单击"形状浏览器"中的"分析"按钮，以便确认图 3-53 所示的仿真分析优化后的概念性结构是否满足力学性能要求。

图 3-54 "运行状态"框

② 出现"运行状态"框，如图 3-54 所示。需要注意的是，此次运行仿真的约束、力载荷结果均与步骤（7）结果一致。

③ 运行结束后，双击"运行状态"框中名称"arm_straight 教材最大 ..."，进入结果查看，或者单击"显示分析结果"图标 ，此时会弹出"分析浏览器"，"载荷工况"选择"结果封套"，"结果类型"选择"位移"，在"数据明细"中选择"Min/Max"，如图 3-55 所示，最大位移为 20.25mm。

图 3-55 概念设计结构的位移结果

④ 查看安全系数。在"分析浏览器"中，在"结果类型"下拉菜单中选择"安全系数"。该概念设计结构的安全系数最小为 3.1，如图 3-56 所示，初步满足强度要求。

图 3-56 概念设计结构的安全系数结果

⑤ 双击右键退出"分析浏览器",完成刹车踏板概念设计模型的力学性能分析。

如果此处安全系数低于 1 或者远低于设计目标值,则可以通过更改"形状浏览器"中的"拓扑"滑块,增加设计空间中的材料,多次迭代设计。

（13）几何重构

拓扑优化生成的是粗糙的模型,需要对其进行平滑处理进而转换为平滑模型。此过程中可以采用 PolyNURBS 建模完成。

在"结构仿真"模块的"优化"图标中选择"显示优化结果"工具,弹出"形状浏览器",单击"形状浏览器"中的"拟合 PolyNURBS"按钮,进行几何重构,几何重构后的模型如图 3-57 所示。

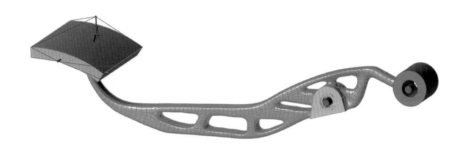

图 3-57　几何重构后的模型

（14）强度校核

① 选择"视图"下拉菜单,单击"模型配置"命令,如图 3-58（a）所示,然后在"模型浏览器"中将原始模型"Brake Pedal_BODY-4_1"取消选择,即模型不参与计算。

② 双击右键退出"优化结果"工具,完成模型配置。

③ 单击"形状浏览器"中的"分析"按钮,单击"运行 OptiStruct 分析",以确认图 3-57 所示的几何重构后的结构是否满足力学性能要求。

④ 出现"运行状态"框,需要注意的是,此次运行仿真的约束、力载荷结果均与步骤（7）和步骤（12）结果一致。

⑤ 运行结束后,双击"运行状态"栏名

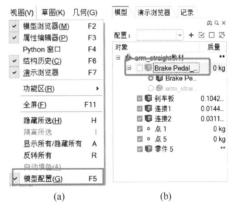

图 3-58　"模型配置"设置

称"arm_straight 教材（4）",进入结果查看,或者单击"显示分析结果"图标,此时会弹出"分析浏览器","载荷工况"选择"结果封套","结果类型"选择"位移",在"数据明细"中选择"Min/Max",如图 3-59 所示,最大位移为 26.02mm。

⑥ 查看安全系数。在"分析浏览器"中,在"结果类型"下拉菜单中选择"安全系数"。几何重构后的最小安全系数为 1.9,如图 3-60 所示,初步满足强度要求。

图 3-59　几何重构后位移结果

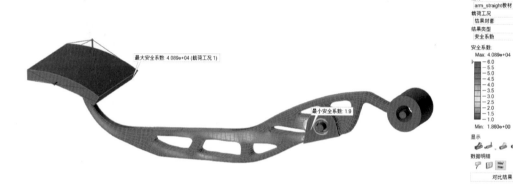

图 3-60　几何重构后安全系数结果

（15）模型导出

单击下拉菜单"文件"，选择"另存为"，可将优化重构后的模型导出，导出的格式包含了 *.stl 等格式，如图 3-61 所示。

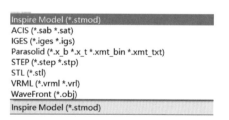

图 3-61　支持的导出格式

3.2　案例：活塞零部件的拓扑结构优化 ▶▶▶

该案例选自 2021 年第十四届"全国大学生先进成图技术与产品信息建模创新大赛"轻量化赛项省赛题目。

3.2.1　模型说明

已知活塞零部件示意图如图 3-62 所示，零部件根据实际的受载情况进行适当的简化调整，主要的载荷来自气缸压力和气缸侧压力，中间的孔安装连杆，使用约束来表征中间孔的连接固定情况（图 3-63、图 3-64）。

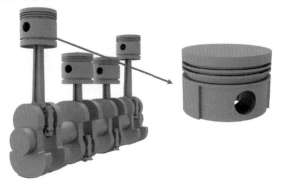

图 3-62　活塞零部件示意图

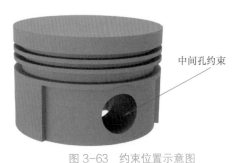

中间孔约束

图 3-63　约束位置示意图

活塞零部件模型

零部件材料及载荷条件：

① 材料：ABS（杨氏模量 2000MPa、泊松比 0.35、密度 1060kg/m³、屈服应力 45MPa）。

② 约束：中间的两个孔位置完全约束（图 3-62）。

③ 载荷：位置 1（活塞上表面）：1MPa 压力（图 3-64）。

位置 2（活塞侧表面）：0.5MPa 压力（图 3-64）。

④ 优化目标：最小安全系数大于 3。

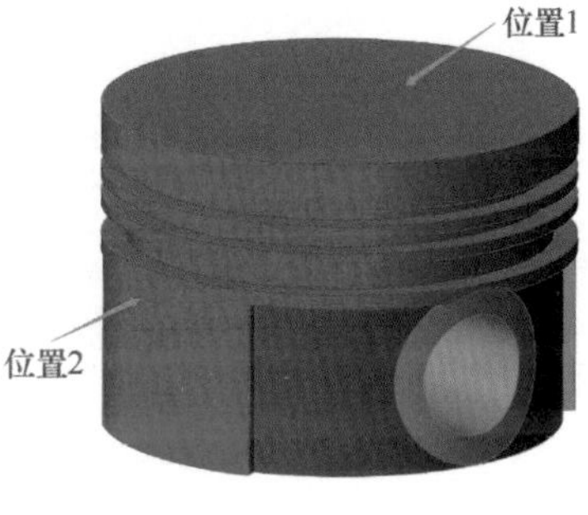

位置1

位置2

图 3-64　载荷位置示意图

3.2.2　操作演示

（1）打开活塞模型

打开 Altair Inspire 软件，按 F2、F3 键分别打开"模型浏览器"和"属性编辑器"。单击"基础"栏"文件"图标打开模型。

在"打开文件"窗口中，选择"Piston"文件，然后单击"打开"。

在"模型浏览器"区域出现 4 个零件，如图 3-65 所示。

图 3-65　原始模型

（2）设置材料

单击功能区"结构仿真"模块选项卡 ，弹出"零件和材料"对话框，下拉菜单，设置 4 个零件的材料为 ABS，如图 3-66 所示。

零件和材料			×

零件	材料库	我的材料		

零件	颜色	材料
Boolean Subtraction 2	■	Plastic (ABS)
Boolean Subtraction 1	■	Steel (Low Carbon)
Combine 5 _ #0 ç›„ă°ª 2	■	Steel (S235JR)
Combine 5 _ #0 ç›„ă°ª 1	■	Steel (S275JR)
		Steel (S355JR)
		Steel (C45E)
		Steel (25CrMo4)
		Steel (X5CrNi18-10)
		Steel (EN-GJL-200)
		Steel (EN-GJS-400-18)
		Plastic (ABS)

图 3-66　设置材料

（3）创建约束

① 单击功能区"结构仿真"选项卡 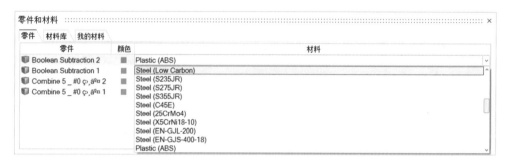，选中"载荷"图标中底部圆锥形的"施加约束"工具。

② 分别单击中间的两个孔位置，施加完全约束，如图 3-67 所示。

③ 双击右键退出"施加约束"工具。

（4）创建载荷

① 单击功能区"结构仿真"选项卡，选中"载荷"图标中的"压力"图形，施加法向载荷。

图 3-67　施加完全约束

② 单击位置 1（活塞的上表面），弹出"载荷设置"对话框，输入"1MPa"，即施加了垂直于活塞上表面的 1MPa 压力，如图 3-68 所示。

③ 双击右键退出"载荷"工具。

④ 单击功能区"结构仿真"选项卡，选中"载荷"图标中的"压力"图形，施加法向载荷。

⑤ 单击位置 2（活塞的侧表面），利用 Ctrl 键选中侧面所有面，弹出"载荷设置"对话框，输入"0.5MPa"，即施加了垂直于活塞侧表面的 0.5MPa 压力，如图 3-69 所示。

⑥ 双击右键退出"载荷"工具。

（5）设置重力方向

① 单击"力"图形，选择"重力"工具。

② 在模型视图中，自动出现重力方向和大小（图 3-70）。

图 3-68　施加上表面力

图 3-69　施加侧表面力

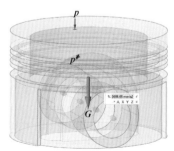

图 3-70　设置重力大小和方向

③ 双击右键退出"重力"工具。

（6）运行力学性能分析

① 在"结构仿真"模块的"分析"图标中选择"运行仿真"工具 ，此时会出现"运行 OptiStruct 分析"窗口（图 3-71）。

图 3-71　运行分析设置

② 单击"运行"，开始计算，并弹出"运行状态"框。分析完成后，"分析"图标上将显示绿色旗帜，"运行状态"框中的"状态"为 ✅，如图 3-72 所示。

图 3-72　运行状态

（7）力学性能仿真设计结果查看

① 双击"运行状态"框名称"Piston（1）"，进入结果查看，或者单击"Piston（1）"后单击"现在查看"，弹出"分析浏览器"，进入到力学性能仿真设计结果界面。默认显示"位移"结果。

单击"分析浏览器"下方的"数据明细"，选择"Min/Max"，显示最大、最小值，如图 3-73 所示，位移最大值为 0.06261mm。

② 查看力学性能其他结果类型。

安全系数：在"分析浏览器"的"结果类型"下拉菜单中选择"安全系数"，该零件初始最小安全系数为 8.9，如图 3-74 所示。

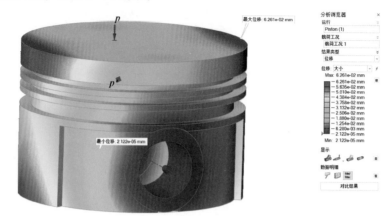

图 3-73　位移结果云图

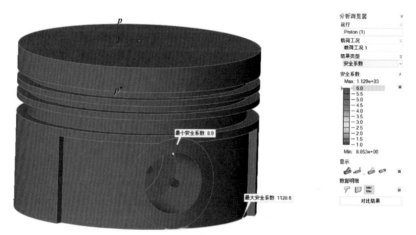

图 3-74　安全系数云图

米塞斯等效应力：在"分析浏览器"的"结果类型"下拉菜单中选择"米塞斯等效应力"，该零件初始最大米塞斯等效应力为 5.083MPa，如图 3-75 所示。

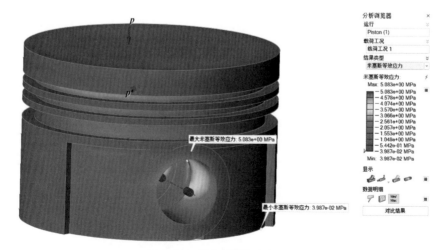

图 3-75　米塞斯等效应力云图

③ 双击右键退出"分析浏览器"。

接下来进入结构优化环节，在进行优化之前，需要对零件进行"形状控制"设置和"定义设计空间"。

（8）形状控制

① 在"结构仿真"模块的"形状控制"图标上选择"对称"工具，此时弹出二级功能区，默认选中的工具为"对称的"。

② 左击活塞的"Boolean Subtraction 1"零件，此时显示三个红色对称平面，表明三个平面全部处于激活状态（图 3-76）。

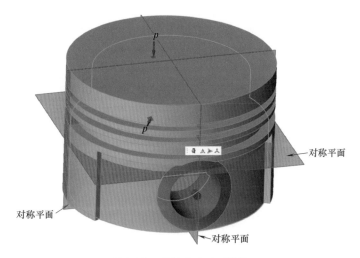

图 3-76　默认的 3 个对称面

③ 由于活塞不满足上下对称，使用鼠标单击该对称平面，使其处于关闭状态。取消选定图 3-77 所示的水平平面，该平面即变成透明状态。

④ 双击鼠标右键退出"对称"工具。

（9）定义设计空间

该项目中"Boolean Subtraction 1"为设计空间。右击"Boolean Subtraction 1"零件。左击框选零件，则零件呈现为黄色，右击弹出菜单，选中"设计空间"，该零件颜色变为咖啡色，见图 3-78。

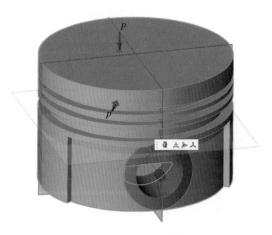

图 3-77　2 个对称面

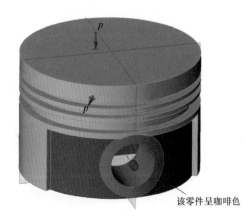

图 3-78　设置设计空间

从菜单中选择"设计空间"。在运行优化时，所有被定义为设计空间的零件都将生成一个新形状。

（10）运行优化设计

① 在"结构仿真"模块的"优化"图标中选择"运行优化"工具，此时会出现"运行优化"窗口，选择"最大化刚度"作为优化目标。对于"质量目标"，请确保从下拉菜单中选中"设计空间总体积的%"，并且选择"30"，以生成占设计空间总体积的30%的形状。在"厚度约束"下，单击"⚡"，将"最小"更改为"5mm"（图3-79）。

② 单击"运行"按钮，开始优化计算。此时会弹出"运行状态"框，并显示此次运行状态的进度条（图3-80）。

③ 运行成功完成后，进度条会变成 ✅（图3-81）。

图 3-79　运行优化设置

图 3-80　运行状态

图 3-81　运行状态

④ 双击"运行状态"框中的运行名称，生成的形状即会显示在模型视窗中（图3-82）。

图 3-82　优化后的默认结构

⑤ 探索优化结果。查看优化后的形状时，"形状浏览器"会出现在模型视窗的右上角，如图 3-83 所示。单击并拖动"形状浏览器"中的"拓扑"滑块，增加或减少设计空间中的材料（图 3-84）。

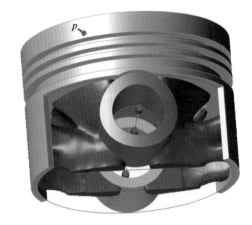

图 3-83　形状浏览器　　　　　　　　　图 3-84　移动滑块

当在该零件上运行更多优化时，所有新增运行都将出现在"形状浏览器"的列表中。单击列表中的某个运行，查看运行后所得到的优化形状。

（11）运行仿真设计

① 单击"形状浏览器"中的"分析"按钮，以确认图 3-84 所示的仿真分析优化后的概念性结构是否满足力学性能要求。

② 出现"运行状态"框。需要注意的是，此次运行仿真的约束、力载荷结果均与步骤（6）结果一致。

③ 双击"运行状态"框名称"Piston 参考（2）"，进入"结果查看"，或者单击"显示分析结果"图标。

④ 查看安全系数。在"分析浏览器"的"结果类型"下拉菜单选择"安全系数"。该状态安全系数最小为 3.3，完全满足强度要求，如图 3-85 所示。

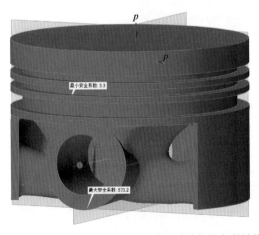

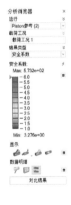

图 3-85　概念设计结构的力学性能分析

如果此处安全系数低于 1 或者低于设计目标值，则可以通过拖动"形状浏览器"中的"拓扑"滑块，增加设计空间中的材料。

（12）几何重构

拓扑优化生成的是粗糙的模型，需要对其进行平滑处理转换为平滑模型。在此过程中可以采用PolyNURBS建模完成。

单击"形状浏览器"中的"拟合PolyNURBS"按钮，进行几何重构，几何重构后的模型如图3-86所示。

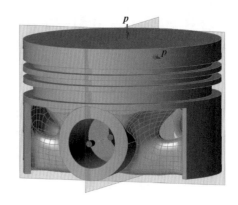

图3-86　几何重构后的模型

（13）强度校核

① 单击"形状浏览器"中的"分析"按钮，以确认图3-86所示的几何重构后的结构是否满足力学性能要求。

② 出现"运行状态"框。需要注意的是，此次运行仿真的约束、力载荷结果均与步骤（6）和步骤（11）结果一致。

③ 双击"运行状态"框名称"Piston参考（2）"，进入"结果查看"，或者单击"显示分析结果"图标。

④ 查看安全系数。在"分析浏览器"中的"结果类型"下拉菜单选择"安全系数"。该状态安全系数最小为3.3，满足设计目标，如图3-87所示。

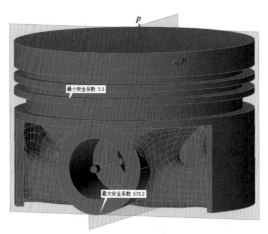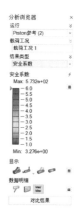

图3-87　几何重构后的模型的力学性能分析

（14）模型导出

单击下拉菜单"文件"，选择"另存为"，可将优化重构后的模型导出，导出的格式包含*.stl等格式，如图3-88所示。

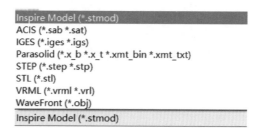

图3-88　支持的导出格式

3.3 "结构仿真"模块基本命令 ▶▶▶

"结构仿真"功能区主要包括"连接"工作区、"仿真设定"工作区和"运行"工作区（图 3-89）。

图 3-89 "结构仿真"功能区

3.3.1 "连接"工作区

"连接"工作区功能为创建并定义连接，例如螺栓连接、铰接、连接器、点焊（未具体介绍）和接触。

螺栓连接：螺栓连接用于连接零件，防止在孔位处发生移动。

铰接：使用"铰接"工具可连接零件，同时允许在铰接位置上移动。

连接器：连接器将点、边或面彼此连接在一起，并显示为从中心点向外辐射的红线。"连接器"工具通常用于连接两个零件，或在远距离上应用载荷或固定约束。

点焊：通过在曲面零件的特定位置进行焊接而将其连接在一起。可以在曲面零件的任意位置或任何现有点上施加点焊。

接触：表明相邻曲面相互绑定、接触或不设定接触。

（1）螺栓连接

使用"操作"栏中的选项搜索"单个"或"对齐的孔"，再按孔的尺寸过滤结果，然后选择要创建的"螺栓连接"类型。

单击"操作"栏上的 ▤ 菜单，过滤寻找操作（寻找更大 / 更小 / 近似）的结果（如图 3-90 所示）——寻找尺寸大于、小于或近似（±5%）所选孔的孔。单击"选项"按钮，指定寻找操作所需的孔直径的最小和最大尺寸范围，单击 ⚡ 图标重置为默认值。

图 3-90 "螺栓连接"设置

勾选"找到孔中的零件"，"螺栓连接"工具会自动查找孔中现有的几何体，将其隐藏并停止激活，从而使其不包含在分析或优化计算内。取消勾选"找到孔中的零件"禁用该行为，在此情况下，用户需要手动删除现存的几何体。

定义"螺栓连接"时，可以在"自动"下拉菜单选择"螺母和螺栓""接地螺栓（带螺母）""螺栓"和"接地螺栓"（图 3-91），并以其作为载荷工况中的固定约束。

接地螺栓连接可模拟与模型中不可用的其他零件通过与螺栓相连的螺母和螺栓连接或螺栓连接。

图 3-91　螺栓连接的种类

在"属性编辑器"中修改接地螺栓连接的轴向力和剪切力（图 3-92），可以启用螺栓连接"预张力"，然后在"属性编辑器"中输入预张力的大小。螺栓连接可用作优化约束，可以在"属性编辑器"中针对螺栓连接启用"优化"。

将光标移动到"螺栓连接"工具上，单击出现的"卫星"图标，即可显示模型中所有螺栓连接的列表。

（2）铰接

使用"铰接"工具可连接零件，同时允许在铰接位置上移动（应该为转动）。

位置："结构仿真"或"运动"功能区，"螺栓连接"图标组。

将光标移动到"铰接"工具上，单击出现的"卫星"图标，即可查看模型中所有铰接的列表。

创建铰接：查找可以创建铰接的几何特征，并选择将要创建的铰接类型，然后单击"连接所有"。

提示：在选择"铰接"工具时按住 Ctrl 键可以绕过自动搜索功能。

① 单击"铰接"工具，铰接检测即自动开始，可通过单击"寻找"按钮停止。查找到的几何特征显示为红色。部分连接工具会自动检测相关几何特征。可以通过"偏好设置"中的 Inspire>Geometry>Autofind 禁用该行为。

使用 ≡ 菜单细化搜索条件（图 3-93）。

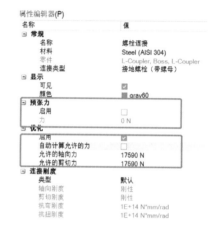

图 3-92　"属性编辑器"设置
预张力、轴向和剪切力

图 3-93　"铰接"设置（1）

如果勾选"寻找孔中的零件"，"铰接"工具会自动查找孔中现有的几何体，将其隐藏并停止激活，从而使其不包含在分析或优化计算内。取消勾选"寻找孔中的零件"禁用该行为，在此情况下，用户需要手动删除现存的几何体。

勾选"寻找盲孔"后即可在执行"寻找"操作的过程中自动查找盲孔。

自动搜索距离是一个全局搜索阈值，将使用默认容差寻找可以创建铰接的位置。如果勾选

"自动搜索距离"，则自动进行计算。如果要更改该搜索距离，则取消勾选该复选框并在文本框中输入一个值。两个零件之间准确的最小距离小于所输入搜索距离的任何铰接都将被找到（如果没有找到铰接，一个普遍原因是几何体与其他对象没有接触。禁用"寻找"选项中的"自动搜索距离"并手动输入搜索距离）。

如果执行"寻找"操作未检测到希望看到的所有特征，请尝试在"寻找"选项中增大"搜索容差"。

② 过滤结果：选择"操作"栏上的"所有"即可自动寻找可以放置铰接的几何特征；选择一个不同的选项，从而过滤出特定的几何特征类型，例如"对齐的孔"或"圆柱副"（图3-94）。

表3-1中的"自动铰接类型"是在铰接"操作"栏上选择"自动"后所创建的铰接类型。如果选中该选项，工具将自动确定要放置在每个选定的（红色）几何特征上的最佳铰接类型。

图3-94 "铰接"设置（2）

表3-1 几何特征对应的铰接类型

几何特征	自动铰接类型	可用铰接类型
对齐的孔	铰接	铰接、接地铰接、滑动铰接、接地滑动铰接、球和球承窝铰接
单个孔	接地铰接	接地铰接、接地滑动铰接
圆柱副	圆柱铰接	合页铰接、圆柱铰接、平移铰接、球和球承窝铰接
圆柱副 +	合页铰接	合页铰接、圆柱铰接、平移铰接、球和球承窝铰接、平面铰接
球形副	球和球承窝铰接	球和球承窝铰接
平面副	平面铰接	平面铰接
多平面副	平移铰接	平移铰接、圆柱铰接

图3-95 所示为几何特征对应的最佳的铰接类型。

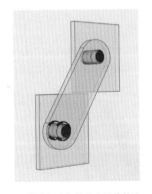

(a) 放置在对齐的孔上的铰接和滑动铰接

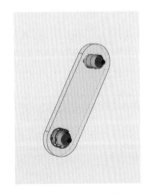

(b) 放置在单个孔上的接地铰接和接地滑动铰接

图 3-95

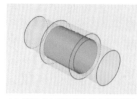 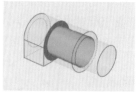 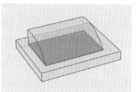

(c) 放置在圆柱副上的圆柱铰接 (d) 放置在圆柱副+上的合页铰接 (e) 放置在平面副上的平面铰接

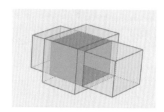 

(f) 放置在多平面副上的平移铰接　(g) 放置在球形副上的球和球承窝铰接

图 3-95　几何特征对应的最佳的铰接类型

　　接地铰接和接地滑动铰接在载荷工况中可作为固定约束，可模拟与模型中不可用的其他零件通过螺栓相连的铰接。接地铰接的轴向和剪切刚度可在"属性编辑器"中修改。

　　球和球承窝铰接类型可用于对齐的孔、圆柱副和圆柱副 + 等，以便进行调试。如果系统的运动被锁定，则可以将铰接更改为球和球承窝铰接，然后检查系统是否开始运动。

（3）连接器

　　连接器将点、边或面彼此连接在一起，并显示为从中心点向外辐射的红线。"连接器"工具通常用于连接两个零件，或在远距离上应用载荷或固定约束。

　　除此之外，还可以通过其他方式创建连接器，例如单击"载荷""固定约束""位移"或"集中质量"工具对应的小对话框上的"连接器"图标。

　　"连接器"工具能自动创建一个点，使所有连接器都连接到这个点上。如果连接器已删除，该点则继续保留在模型上。

　　创建"连接器"的操作步骤如下：

①　选择"连接器"工具。

②　选择要连接的点、边或面。

③　可选：继续选择几何特征以创建额外的连接器线。

④　在小对话框中选择连接器为"刚性"或"柔性"（图 3-96）。

⑤　可选：使用小对话框上的"移动"工具重新定位连接点（图 3-97）。

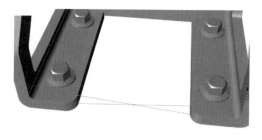  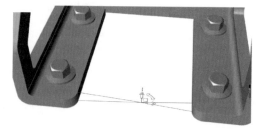

图 3-96　设置连接器　　　　　　　　　　　图 3-97　重新定位连接点

⑥ 左击空白空间以完成连接器创建并开始创建新的连接器。

⑦ 右击划过勾选标记以退出，或双击鼠标右键。

单击选中模型视窗中的连接器，选中的连接器会变为橙色，连接的位置会变为红色。来自某个特定力、扭矩或固定约束的所有连接器线都被视作同一个连接器（图 3-98）。

双击连接器进入编辑模式。在编辑模式中，可向其他几何特征添加或删除连接。此外，还可只单击选择将力、扭矩或固定约束连接到某个特定几何特征上的线（图 3-99）。右击或按 Esc 键退出编辑模式。

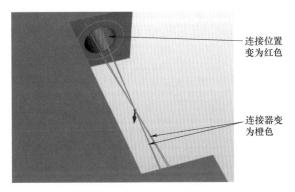

连接位置变为红色

连接器变为橙色

图 3-98　单击选中连接器

图 3-99　双击编辑连接器

需要注意的是：连接器连接到至少三个非共线点或两条非共线边时才有效。

（4）接触

接触主要包括定义曲面接触和定义零件到零件的接触两个功能。"接触"工具 会自动检测模型中可能存在的接触。如果未找到接触，则可手动在零件之间创建接触。

将光标移动到"接触"工具上，单击出现的"卫星"图标 ，即可查看模型中所有接触的列表。定义了接触的模型如图 3-100 所示。

接触的类型包括三个：绑定接触、接触和不设定接触。

绑定接触。如果零件已绑定或粘在一起，则选择绑定接触，绑定接触显示为蓝色。

接触。如果两个零件之间需要相对滑动，则选择接触，接触显示为绿色。

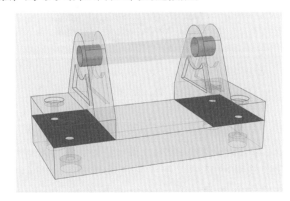

图 3-100　定义了接触的模型

不设定接触。如果两个零件相互靠近，而又不想让两者接触，则选择不设定接触。

3.3.2 "仿真设定"工作区

"仿真设定"工具组如图 3-101 所示。

载荷　位移　加速度　重力　温度　重心　材料　质量点　坐标系　形状控制　拉延筋模式

仿真设定 ▼

图 3-101　"仿真设定"工具组

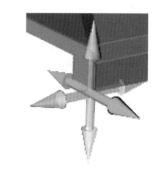

（1）载荷和约束

"载荷"图标为多功能图标，单击图标不同位置，呈现多种不同功能，主要功能包括施加约束、施加力、施加压力和施加扭矩。

① 施加约束。施加在零件上的约束可施加在模型的一个点、一条边或一个面、一个孔的中心位置或集中质量上。主要分为：向点、边或面施加固定约束，向圆柱孔施加固定约束，以及在远处放置固定约束三部分。

施加到点、边或面的固定约束最多可以在三个方向上移动（图3-102）。

图3-102　施加在点、边或面的固定约束最多可在三个方向移动（箭头呈绿色代表可以在此方向移动）

a. 向点、边或面施加固定约束的操作步骤如下。

•单击"载荷"图标 🏋 上的"施加约束"工具。

•单击一个点、边、面。

按住 Shift 键，同时单击即可施加集中的点的固定约束（图3-103）。

按住 Ctrl 键，对同一零件上的多个几何特征施加固定约束。

•如果希望某个特定的固定约束在一个或多个方向移动，双击约束的橙色圆锥图标，此时弹出一个透明的三岔轴（图3-104）。

图3-103　施加点的固定约束

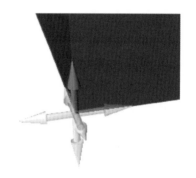

图3-104　单击后编辑约束

单击指定的箭头可以切换这些方向的锁定状态：绿色箭头表示可以在该方向上移动，灰色箭头表示该方向处于锁定状态（图3-105）。

约束状态可以在"属性编辑器"的"受约束自由度"中查看和修改（图3-105）。

•右击划过勾选标记以退出，或双击鼠标右键。

提示：分布的固定约束作用于边或面上且方向单一。可以更改是否在"属性编辑器"中分布固定约束（图3-106）。

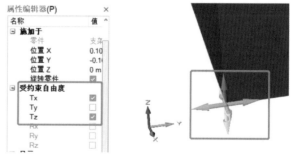

图3-105　在绿色箭头方向自由移动，在灰色箭头方向固定的约束

创建一个固定约束后，即可使用小对话框中的"移动"工具将其从模型中移除，从而在远处精确的位置创建一个固定约束（图3-107）。

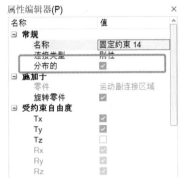

图 3-106　属性编辑器

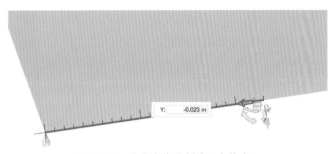

图 3-107　在指定位置创建固定约束

　　使用"属性编辑器"更改固定约束的名称、连接类型（刚性或柔性）和显示，以及是否和零件一起旋转。施加固定约束图形如表 3-2 所示。

表 3-2　施加固定约束图形

约束图形	编辑状态图形	备注
		在三个方向的运动完全固定
		在一个方向可以移动
		在一个平面内可自由移动，不能上下移动
		无约束

69

向圆柱孔施加的固定约束是个特例，与向点、边或面施加的固定约束相比具有不同的属性（图3-108）。

b. 向圆柱孔施加固定约束的操作步骤如下。

• 单击"载荷"图标🕸️上的"施加约束"工具。

• 单击圆柱孔的内表面，创建约束，在圆柱孔内部出现橙色小圆柱体标志（图3-109）。

按住 Shift 键，同时单击即可施加集中的点的固定约束。

按住 Ctrl 键，对多个几何特征施加固定约束。

图 3-108 施加到圆柱孔的固定约束包括移动和旋转两种属性（箭头呈绿色代表可以在此方向移动或旋转）

• 要进行移动或旋转，请单击橙色圆柱体，此时会出现透明的图形手柄（图 3-110）。

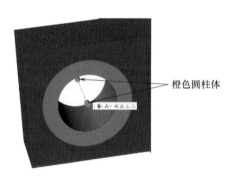

橙色圆柱体

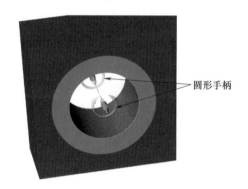

圆形手柄

图 3-109　设置圆柱孔约束

图 3-110　单击设置圆柱孔约束

单击箭头可以切换这些方向的锁定状态：绿色箭头表示可以在该方向上进行移动或旋转，灰色箭头表示该方向处于锁定状态。

约束状态可以在"属性编辑器"的"受约束自由度"中查看和修改（图 3-111）。

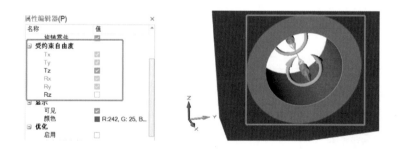

图 3-111　在绿色箭头方向可旋转的约束

右击划过勾选标记以退出，或双击鼠标右键。

提示：使用"属性编辑器"更改固定约束的名称、连接类型（刚性或柔性）和显示，以及是否和零件一起旋转。

可以在"属性编辑器"中针对圆柱孔固定约束启用优化（图3-112）。

② 施加力。力是零件上指向某一特定方向的推或拉作用力，也是一种载荷类型。使用"载荷"图标上的"施加力"工具来施加力（图3-113）。

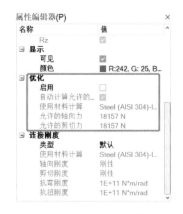

图 3-112　启用约束优化

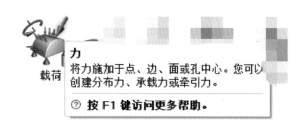

图 3-113　"力"工具

力可以施加于点、边、面或孔中心。施加后，特定类型几何特征上的分布力可以转换为承载力或牵引力。

a. 在"结构仿真"功能区，选择"载荷"图标上的"施加力"工具。

b. 单击一个点、边或面以创建力。

其中：按住 Shift 键，同时单击即可创建集中力；按住 Ctrl 键，对同一零件上的多个几何特征施加力。

c. 在小对话框的"文字"栏中输入力的大小，然后按 Enter 键。

提示：要创建垂直于面的力，如气球中的空气压力，则应使用压力，而非力。如果已知力的大小，也可以施加力作为压力。简单创建一个压力，然后按力的单位输入大小。

使用"属性编辑器"更改力的名称、大小、模式、方向和显示，以及是否和零件一起旋转。

在施加集中载荷后，根据施加的位置特征（点、线、平面、曲面），在"属性编辑器"中可选择"分布的""承载"和"牵引"（图 3-114）。

或者在"力载荷"对话框中选择"施加于点""作为分布载荷施加""施加于孔中心""施加承载力"和"施加牵引力"（图 3-115）。

图 3-114　属性编辑器

图 3-115　"力载荷"对话框

分布力：作用于线或面上且方向单一的力。

承载力：施加于孔的承载力模拟的是轴和轴套之间的接触力（图 3-116）。

在"力载荷"对话框中单击 ✎ 将分布力转换为承载力。

牵引力：牵引力可施加于圆柱面，并与该面相切（图 3-117）。牵引力模拟零件之间的接触力，如摩擦力。

图 3-116　施加于孔中心的承载力　　　　　图 3-117　应用于圆柱面的牵引力

单击"力载荷"对话框上的  将分布力转换为牵引力。

③ 施加压力。压力是垂直作用于面上各点的分布力。单击"载荷"图标 🥦 上的"施加压力"工具。

压力通常由作用于面上的气体或者液体产生，其可向内或向外作用于实体。

要在整个面上施加方向一致的分布力，应使用力而不是压力。

施加一个压力的操作步骤如下。

a. 在"结构仿真"功能区，选择"载荷"图标 🥦 上的"施加压力"工具。

b. 单击所需的面，按住 Ctrl 键，对同一零件上的多个几何特征施加压力。

c. 在对话框的"文字"栏中输入力的大小，然后按 Enter 键。

单击 ⁺∕₋ 图标反转压力方向。

要更改压力的对齐方式，可采用以下任一方法。

• 使用"X""Y""Z"按钮使压力对齐 X、Y 或 Z 轴，再次单击即可反转方向。

• 使用"移动"工具 ⚒。

右击划过勾选标记以退出，或双击鼠标右键。

提示：创建后，压力将自动分配至当前的载荷工况。

如果已知力的大小，也可以施加力作为压力。简单创建一个压力，然后按力的单位输入大小。

使用"属性编辑器"更改压力的名称、大小、方向和显示。

④ 施加扭矩。扭矩是扭转力。它是一种载荷，可以作用在面上或者孔中心。在后一种情况下，其作用于孔的内表面。单击"载荷"图标 🥦 中的"施加扭矩"工具，即可施加扭矩。

扭矩用弯曲的箭头表示，并且总是围绕一个旋转轴发挥作用；旋转轴以中心线表示，如图 3-118 所示。

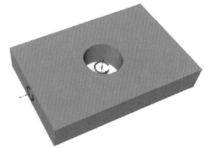

图 3-118　施加于孔中心和面上的扭矩

施加扭矩的操作步骤如下。

a. 在"结构仿真"功能区，选择"载荷"图标 🥦 上的"施加扭矩"工具。

b. 单击所需的面或孔。

按住 Shift 键，同时进行单击即可在孔内部的点上施加扭矩。

按住 Ctrl 键，对同一零件上的多个几何特征施加扭矩。

在 对话框的"文字"栏中输入扭矩的大小，然后按 Enter 键。

单击 ⅓ 图标反转扭矩方向。

要更改扭矩的对齐方式，可采用以下任一方法：

· 选择"方向扭矩模式" ⅙ 或"分量扭矩模式" ⅄，然后单击 ⅓ 以定义方向或分向量。

· 使用"X""Y""Z"按钮使扭矩对齐 X、Y 或 Z 轴，再次单击 ⅓ 即可反转方向。

· 使用"移动"工具 ⅄。

右击划过勾选标记以退出，或双击鼠标右键。

提示：扭矩是作用在整个面上的扭转力，并以施加点为中心。

创建后，扭矩将自动分配至当前的载荷工况。

使用"属性编辑器"更改扭矩的名称、大小、模式、方向和显示。

（2）位移

使用"结构仿真"功能区的"位移"工具 ⅊ 施加强制位移和位移约束。

强制位移：如果不知道施加到零件上的力的大小，但知道这个力能让零件产生的位移有多大，则可以使用强制位移。

位移约束：对模型施加位移约束可以限制所需位置和方向上的偏移。

运行分析或优化前，需要定义至少一种载荷工况（一组作用于模型的载荷、位移、加速度和/或温度）。此外，还可以创建多种带有不同载荷和位移的载荷工况，了解其对分析和优化结果的影响。

通常，位移应施加到非设计空间，而不是设计空间。位移还可以从模型中移除，并通过连接器与几何特征相连。

① 强制位移。施加强制位移的操作步骤如下。

a. 选择施加强制位移工具 ⅊。

b. 在模型上单击要施加强制位移的点。按住 Ctrl 键，对同一零件上的多个几何特征施加强制位移。

c. 定义位移大小。单击并拖拽橙色箭头，或者在小对话框的"文本"栏中输入一个值（图 3-119）。

要反转强制位移的方向，可单击小对话框上的"+/-"按钮。

要改变强制位移的方向至坐标轴方向，可单击"X""Y""Z"。

要改变强制位移的方向至任意方向，可单击小对话框上的"移动"工具 ⅄。

d. 右击划过勾选标记以退出，或双击鼠标右键。

提示：强制位移本质上是力，可施加到点、边或面上。强制位移施加到孔上时，施加位置是孔中心，而不是面。

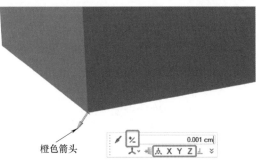

橙色箭头

图 3-119 定义位移大小

如果可能，强制位移应仅施加于非设计空间。创建完成后，使用小对话框上的"移动"工具将零件上的强制位移移动到远离零件的位置。

使用右击出现的菜单创建或排除载荷工况中的强制位移。

双击强制位移箭头进入编辑模式。

② 位移约束。位移约束包括在一个方向约束和在所有方向约束两种方式。

在一个方向约束：只允许一个方向的偏移，一个方向上的位移约束可以有上边界值或下边界值，或两者都有。

a. 施加单向或双向位移约束的操作步骤如下。

• 选择施加位移约束工具 。

• 单击需要施加位移约束的点。如图 3-120 所示，通过切换至 ，此时出现两个橙色金字塔，每个均带有一个单独的小对话框 ，分别代表该位移约束的上边界值和下边界值，可在对话框的"文本"栏修改数值。

b. 施加所有方向位移约束的操作步骤如下。

• 选择施加位移约束工具 。

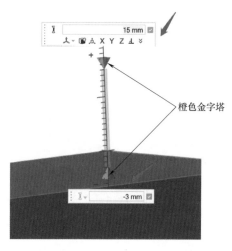

橙色金字塔

图 3-120 一个方向约束上边界值或下边界值

• 单击需要施加位移约束的点。如图 3-121 所示，通过切换至 ，将鼠标悬浮在模型视窗的非设计空间上，单击一个点。

• 施加在所有方向上的位移约束即会在所单击的位置创建出来，并显示为一个球体（图 3-122）。

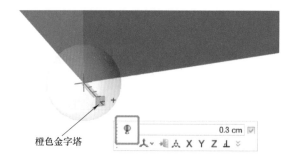

图 3-121 切换图标

橙色金字塔

图 3-122 所有方向位移约束

单击并拖动橙色的金字塔，或在小对话框的"文本"栏中输入一个值，以改变此位移约束的大小。

• 右击划过勾选标记以退出，或双击鼠标右键。

提示：位移约束应仅施加到非设计空间。

虽然可在优化过程中将位移约束用作唯一约束，但还是建议将其与应力约束一起使用。双击一个位移约束进入编辑模式。

（3）形状控制

"形状控制"图标为多功能图标，主要功能包括对称性控制和拔模方向约束控制。

① 对称性控制。"对称性控制"图标为主图标，单击图标后下方出现共计 3 个子图标：对称的、周期的和周期对称（图 3-123）。对称和周期重复对优化有效，而对分析无效。

对称的：使用"结构仿真"功能区中的"对称的"工具对设计空间施加对称平面。

周期的：使用"结构仿真"功能区中的"周期的"工具对设计空间施加周期重复。

周期对称：使用"结构仿真"功能区中的"周期对称"工具对设计空间施加周期对称重复。

② 拔模方向约束控制。"拔模方向约束控制"图标为主图标，单击图标后下方出现共计 5 个子图标：单向拔模、双向拔模、辐射状、挤出和悬空（图 3-43）。

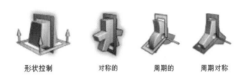

形状控制　　对称的　　周期的　　周期对称

图 3-123　对称性控制

拔模方向是一种形状控制类型。如果需要通过铸造和冲压来制造零件，则在形状优化及零件成形后能够让两个半模或冲压模顺利分开。此外，还必须避免负的拔模角度。通过指定拔模方向，也就是将两个半模分离的平面，即可生成用于铸造和冲压的形状。

拔模方向对优化有效，而对分析无效。

单向拔模：单向拔模是制造约束的一种类型，当两个半模之间的分离面处于设计空间外部时，可施加单向拔模。

双向拔模：双向拔模是制造约束的一种类型，当两个半模之间的分离面处于设计空间内部时，可施加双向拔模。

挤出：挤出是制造约束的一种类型。挤出约束类似于单向拔模约束，但产生的形状轮廓会保留一个与拔模方向同向的等截面。

悬空：悬空是一种用于增材制造的约束。它用于排除悬空并创建支撑性能更好的结构，有助于在打印零件时最大限度地减少所要添加的支撑结构。

当制造过程使用冲压而不是铸造时，则应施加冲压约束。

（4）网格控制（图 3-124）

载荷　位移　加速度　重力　温度　重心　材料　质量点　坐标系　形状控制　拉延筋模式

仿真设定 ▼
网格控制

图 3-124　网格控制

使用"网格控制"将单元尺寸分配给零件或面。

单元尺寸决定着分析或优化结果的质量。一般而言，单元尺寸越小，结果越精确。

使用"网格控制"工具定义默认的全局单元尺寸；还可以使用该工具创建网格组，以及将单元尺寸分配给该组。运行形貌优化时，每个设计空间仅可使用一个网格控制。

3.3.3 "运行"工作区

"运行"工作区分为"分析"和"优化"两个功能区，如图 3-125 所示。

（1）分析

"分析"图标为功能图标，包括运行分析图标、显

分析　　　　优化

运行　▼

图 3-125　"运行"工作区

示分析结果图标、运行状态图标和运行记录图标。

运行分析：使用"运行分析"工具定义并运行一个线性静态、正则模态或屈曲模式分析。分析包括材料、集中质量以及载荷和固定约束，但不包括可选约束。

显示分析结果：在"分析浏览器"中使用"显示分析结果"工具查看线性静态、正则模态或屈曲模式分析的结果，并为结果添加动画效果和数据明细，并对比不同的运行结果。

运行状态：查看当前运行的状态以及当前模型的运行情况。若要查看以往的运行状态，需要查看"运行记录"。

运行记录：查看、排序、打开和删除当前和之前模型的历史运行情况。

（2）优化

"优化"图标 为功能图标，包括运行优化图标、显示优化结果图标、运行状态图标和运行记录图标。

运行优化：使用"运行优化"工具定义并运行一个拓扑、形貌、厚度或点阵优化。

显示优化结果：查看并对比优化结果，查看设计违规，并浏览生成的形状。

运行状态：查看当前运行的状态，以及当前模型的运行情况。若要查看以往的运行状态，需要查看"运行记录"。

运行记录：查看、排序、打开和删除当前和之前模型的历史运行情况。

思考题 ▶▶▶

1. 简述材料设置与新建材料的方法。
2. 简述"载荷"多功能图标的功能。
3. 简述利用"运行 OptiStruct 分析"对话框设置单元尺寸、工况等。
4. 简述"惯性释放"的含义及使用方法。
5. 简述"形状控制"功能图标的功能，以及各自功能的具体设置种类。
6. 简述网格划分的方法、查看单元数目的方法。

任务训练 ▶▶▶

任务：四旋翼无人机的结构优化

来源：第十五届"全国大学生先进成图技术与产品信息建模创新大赛"机械类—轻量化设计竞赛国赛题目

任务书：

第十五届"全国大学生先进成图技术与产品信息建模创新大赛"
机械类—轻量化设计竞赛考核任务书

一、模型说明

四旋翼无人机是一种能够垂直起降、以四个旋翼为动力装置的飞行器。图 3-126 所示为四旋翼无人机机身部件，机身根据实际的受载情况进行适当的简化调整，主要的载荷来自电机、电子设备和载重。为节约打印材料和打印时间，对模型尺寸进行了缩放，机身部件典型位置及设计空间见图 3-127。

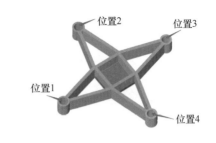

四旋翼无人机模型

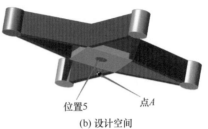

(a) 典型位置

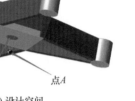

(b) 设计空间

图 3-126　四旋翼无人机机身部件　　　　图 3-127　机身部件典型位置及设计空间

二、零部件材料及载荷条件

（1）材料：ABS（杨氏模量 2000MPa、泊松比 0.35、密度 1060kg/m³、屈服应力 45MPa）。

（2）约束：无约束，采用惯性释放。

（3）载荷：无人机携带了摄像头等有质量的物体，在实际分析无人机结构时，利用"质量点"功能将摄像头等物体的质量施加在无人机机身位置5的下方点 A，通过柔性连接器连接，连接器端点 A 的坐标为（0mm，0mm，-15mm），质量为 0.1kg。

F_1：作用于位置 1 的圆孔内侧面，大小为 20N，方向为 Z 轴正方向。

F_2：作用于位置 2 的圆孔内侧面，大小为 20N，方向为 Z 轴正方向。

F_3：作用于位置 3 的圆孔内侧面，大小为 20N，方向为 Z 轴正方向。

F_4：作用于位置 4 的圆孔内侧面，大小为 20N，方向为 Z 轴正方向。

F_5：作用于点 A，坐标为（0mm，0mm，-15mm），大小为 60N，方向为 Z 轴负方向。

（4）载荷工况：

载荷工况 1：F_1，F_2，F_3，F_4。

载荷工况 2：F_5。

三、优化定义与总体设计要求

（1）初始强度分析单元尺寸为 2mm。

（2）总体设计要求：最大变形位移小于 0.8mm，最小安全系数大于 2.5。

四、任务：零件轻量化再设计（100 分）

根据给定的原始 3D 模型文件 UAV.step，使用 Altair Inspire 通过拓扑优化的方法进行再设计，在满足实际需要和性能要求的情况下尽可能减轻质量、节省材料。传统的产品受限于设计生产方式并不能做到效能的最优。通过拓扑优化结合增材制造的方式获得最合理的材料分布，以最少的材料实现最佳的性能。具体要求如下：

（1）初始强度分析：根据提供的材料和载荷条件，使用 Altair Inspire 对初始无人机机身零部件 3D 模型文件 UAV.step 进行强度分析评估（包括最大位移、最大米塞斯应力、最小安全系数）。

（2）拓扑优化：根据提供的边界条件对部件进行拓扑优化，指定设计空间和非设计空间，添加载荷（约束和力），以刚度最大化作为优化目标，质量和厚度作为设计约束，分析得到拓扑优化结果。

（3）几何重构：对（2）的优化结果进行几何重构，获得最终的轻量化设计模型。

（4）模型输出：以（3）重构结果导出可供 3D 打印的 youhua.stl 文件［若（3）未完成，以（2）优化的结果输出］，保存优化过程为 youhua.stmod 文件。

（5）强度校核：对（3）的模型再次进行强度分析评估，获得分析结果（包括最大位移、最大米塞斯应力、最小安全系数），确保零件的最大变形位移和最小安全系数满足总体设计要求。

（6）报告要求：请撰写报告，将（2）的优化结果以及（5）的强度分析结果总结成报告提交，文件以 zongjiebaogao 命名，格式为 docx。

第 4 章

Altair Inspire PolyNURBS 建模工程案例

学习目标

知识目标

（1）掌握几何重构基本概念和基本思想；
（2）掌握几何重构的操作步骤。

技能目标

（1）能够完成常见零件的 PolyNURBS 手动几何重构；
（2）能够完成常见零件的拟合 PolyNURBS 自动几何重构；
（3）能够完成常见零件的 PolyNURBS 自适应自动几何重构。

素养目标

（1）培养学生的实践能力和创新能力；
（2）培养学生科学严谨的治学态度和精益求精的工匠精神。

考核要求

完成本章学习内容，能够对零件进行强度分析、结构优化和几何重构。

4.1 案例：吊杆零件的结构优化与 PolyNURBS 建模 ▶▶

4.1.1 PolyNURBS 建模基本情况

在 Inspire 软件中，除了能提供参数化建模功能，还能提供 PolyNURBS 建模功能。Poly 是 Polygon（多边形）的缩写。NURBS 是 Non-Uniform Rational B-Splines（非均匀性有理 B

样条曲线，俗称曲面）的缩写。

PolyNURBS 建模融合了 Polygon（多边形）建模的自由性和 NURBS（非均匀性有理 B 样条曲线）建模的精确性。

在 Inspire 中，主要包括四种几何重构方式：

① 拟合 PolyNURBS 自动重构；

② PolyNURBS 自适应自动重构；

③ PolyNURBS 手动重构；

④ 实体建模综合建模方式。

本案例将演示前三种 Inspire 软件自带的几何重构方式。

吊杆零件
模型

4.1.2 模型说明

图 4-1 所示为吊杆模型，模型部件根据实际的受载情况进行适当的简化调整，吊杆部件的孔为安装孔，使用约束和力来表征安装孔的固定和受力情况。

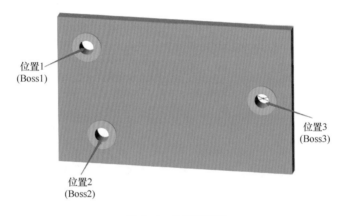

图 4-1 吊杆示意图

零部件材料及载荷条件：

① 材料：AISI 304。

② 约束：如图 4-1 所示，对位置 1 和位置 2 的圆孔施加约束，均释放旋转自由度。位置 3 的圆孔施加上边界位移约束，约束点与圆孔通过连接器连接，连接约束点位置坐标为（160mm，1.341×10^{-6}mm，5mm），位移约束方向为所有方向，上边界值为 0.15mm。

③ 载荷：如图 4-1 所示，位置 3 处施加力 1，沿 Y 轴正方向，大小为 1000N，力 1 作用点位置坐标为（160mm，1.341×10^{-6}mm，5mm），作用点与作用在圆孔面上的连接器连接。

4.1.3 操作演示

（1）打开吊杆模型

打开 Altair Inspire 软件，按 F2、F3 键分别打开"模型浏览器"和"属性编辑器"，按 F7 键打开"演示浏览器"，如图 4-2 所示为"演示浏览器"对话框。

单击"演示浏览器"，"演示浏览器"中包含了 Altair Inspire 软件自带的指导模型库，包括"Motion""Print3D"和"Structures"，分别指的是运动仿真、3D 打印工艺仿真和结构优化三个模块的模型库。

如图 4-2 所示，在"演示浏览器"窗口中，单击"Structures"文件夹，选择"1.0_hanger_topology.stmod"文件。如图 4-3 所示为双击后打开的吊杆模型。如图 4-4 所示，在

"模型浏览器"对话框中，已经设置了材料、约束、载荷、挤压、连接器和位移约束（载荷施加点上的最大位移约束已设置为 0.15mm，该设置在下一步中很重要）。

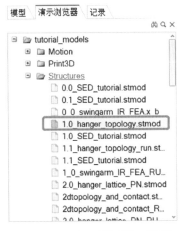

图 4-2 "演示浏览器"对话框

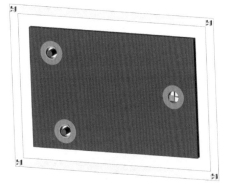

图 4-3 吊杆模型

吊杆案例
操作演示

首先，在示例模型的设计空间中运行初始拓扑优化。将要使用的应力约束设计为最终设计所需值的 5 倍，这是因为具有最优拓扑的点阵所承受的应力和位移会逐渐增大。

将单位系统选择器中的显示单位设置为 MPA［（mm t N s），即毫米、吨、牛顿和秒］。

（2）运行拓扑优化

① 单击"结构仿真"功能区"优化"命令上的"运行优化" ▶ 。

② 在弹出的"运行优化"对话框中设置如下：选择"拓扑"作为优化类型；选择"最小化质量"作为优化目标；在"应力约束"下，将"最小安全系数"设为"5"；在"厚度约束"下，将"最小"设置为"15mm"，如图 4-5 所示。

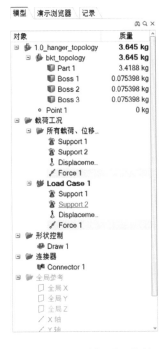

图 4-4 "模型浏览器"对话框

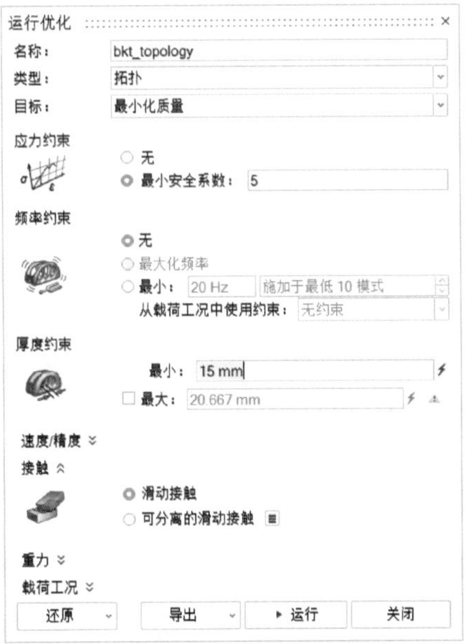

图 4-5 运行优化设置

③ 单击"运行"。运行结束后，"状态"显示为 ◎，如图 4-6 所示，双击运行名称查看结果，弹出优化后的概念模型和形状浏览器，如图 4-7 所示。

图 4-6　运行结束状态（1）

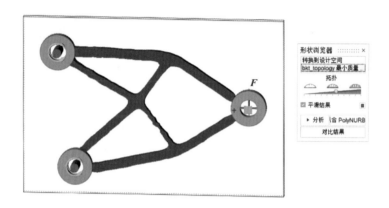

图 4-7　概念模型和形状浏览器

（3）探索优化结果

使用不同的"拓扑"滑块阈值重新分析优化结果，直到载荷点上的位移小于 0.02 mm（最终目标值的五分之一），具体操作如下。

① 单击"形状浏览器"上的"分析"按钮，如图 4-8 所示。

② 运行结束后，双击运行名称查看结果，如图 4-9 所示。

图 4-8　概念结构力学分析

图 4-9　运行结束状态（2）

③ 弹出"分析浏览器"，"结果类型"选择"位移"，单击"数据明细"下的 ▽，然后单击施加了位移约束的点，显示该点处的位移，如图 4-10 所示。

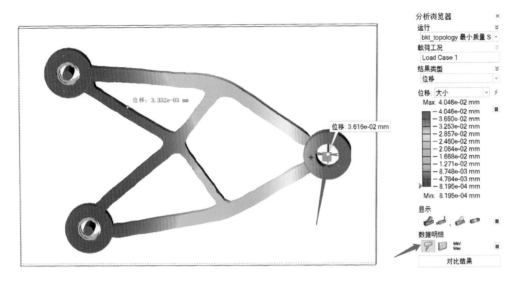

图 4-10　位移结果参数

④ 如图 4-10 所示，该点处的位移为 0.03616mm，位移大于 0.02mm，因此需要返回至初始优化结果，单击"显示优化结果"命令 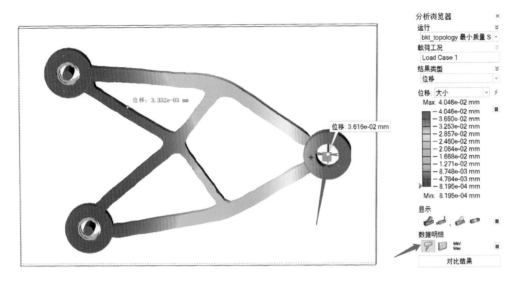。

⑤ 在"形状浏览器"对话框中，将"拓扑"模块向右滑动，以增加阈值，如图 4-11 所示。

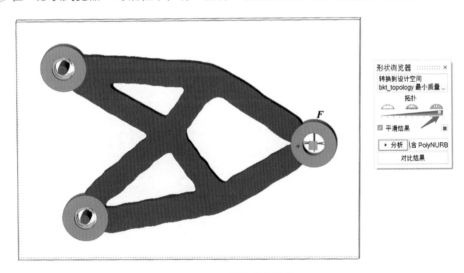

图 4-11　探索优化结果

⑥ 单击"形状浏览器"上"分析"按钮，再次运行分析。

⑦ 运行结束后，重新检查位移，如图 4-12 所示，直到载荷点上的位移小于 0.02mm，该方案上点的位移为 0.01762mm。

⑧ 双击右键退出"分析浏览器"。

（4）几何重构

① PolyNURBS 手动重构。本次演示使用"PolyNURBS"工具，根据生成的拓扑结果，手动创建一个新的设计模型。

a. 在"几何"功能区上选择"PolyNURBS"命令 。

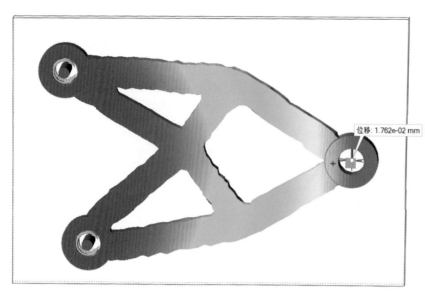

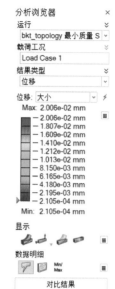

图 4-12　位移结果

b. 根据需要，使用"包覆"和其他"PolyNURBS"工具围绕优化后的形状创建一个 PolyNURBS 零件。

c. 单击"包覆"命令🎨，此时设计空间变为浅咖啡色。把光标悬停在形状上时，将显示第一个截面的预览，并显示红色和黑色两种线条。

备注：红色线条表示概念模型几何体的真实截面，黑色线条表示实际将被创建的面（实际生成的面为该黑色面的内包络线），如图 4-13 所示。

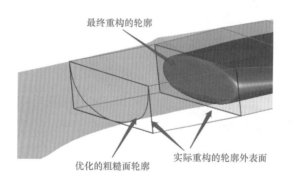

图 4-13　包覆轮廓线

d. 单击截面形状，定义第一个截面❶，然后单击定义第二个截面❷，结果如图 4-14 所示。

e. 在手动重构时，如果遇到重构结构路径分叉，如图 4-14 所示，可将分叉处的截面分割：单击拆分 PolyNURBS 面命令🗖，然后单击两点形成分割线，此时分割线显示为红色，单击鼠标完成分割，如图 4-15 所示。

f. 继续包覆：单击"包覆"命令🎨，鼠标第一次单击定义包覆的第一个截面❶，第二次单击定义包覆的截止截面❷，如图 4-16 所示。

g. 继续包覆：鼠标选择合适的位置悬停后，单击确认截止截面，如图 4-17 所示。

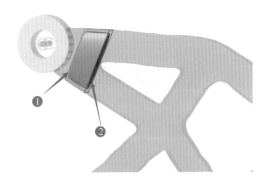

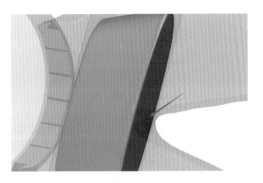

图 4-14　包覆的两条线　　　　　　　　　图 4-15　拆分 PolyNURBS 面

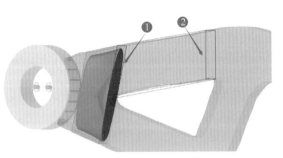

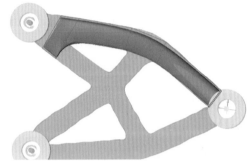

图 4-16　包覆（1）　　　　　　　　　　图 4-17　包覆（2）

h. 右击"确定"，完成吊杆上半部分几何重构。

i. 继续包覆：依次单击图 4-18 所示 4 个面。

j. 右击"确定"。

k. 继续包覆：依次单击图 4-19 所示 3 个面。

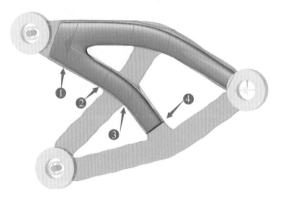

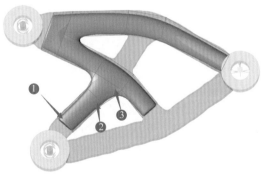

图 4-18　包覆（3）　　　　　　　　　　图 4-19　包覆（4）

l. 右击"确定"，完成吊杆中部几何重构。

m. 继续包覆：依次单击图 4-20 所示 4 个面，完成吊杆下部几何重构。

n. 双击鼠标右键退出"包覆"命令。

o. 单击"桥接"命令 ，然后依次单击如图 4-21 所示的 2 个面，最后单击"确定"，完成面的桥接，当然，该区域也可以用"包覆"命令完成。

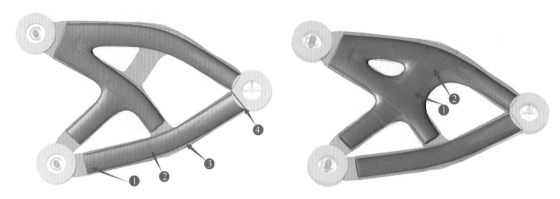

图 4-20　包覆（5）　　　　　　　　　　　图 4-21　"桥接"命令（1）

p. 继续依次单击如图 4-22 所示的 2 个面，然后单击"确定"，完成面的桥接。

q. 双击鼠标右键退出"桥接"命令。

r. 继续包覆，完成设计空间与非设计空间的连接。单击"包覆"命令，然后依次单击图 4-23 所示 2 个面，完成吊杆上部的设计空间与非设计空间的连接。

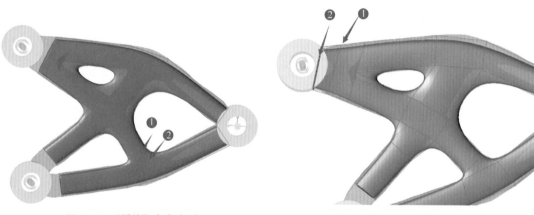

图 4-22　"桥接"命令（2）　　　　　　　图 4-23　"包覆"命令（1）

s. 右击"确认"。

t. 继续包覆，完成设计空间与非设计空间的连接。依次单击图 4-24 所示 2 个面，实现设计空间与非设计空间的连接。

u. 右击"确认"。

v. 继续包覆，完成设计空间与非设计空间的连接。依次单击图 4-25 所示 2 个面，完成吊杆下部的设计空间与非设计空间的连接。

w. 双击鼠标右键退出"包覆"命令，完成 PolyNURBS 建模，如图 4-26 所示。

x. 双击鼠标右键退出"PolyNURBS"命令，重构后的模型如图 4-27 所示。

y. 如图 4-28 所示，鼠标选中原始概念设计结构，键盘输入 H，隐藏该零件。结果如图 4-29 所示。

② 拟合 PolyNURBS 自动重构。本次演示使用"PolyNURBS"工具，根据生成的拓扑结果，自动创建一个新的设计模型。

图 4-24 "包覆"命令（2）

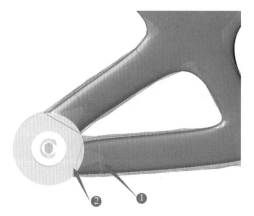

图 4-25 "包覆"命令（3）

图 4-26 完成 PolyNURBS 建模

图 4-27 重构后的模型

图 4-28 隐藏原始概念设计结构

图 4-29 隐藏原始概念设计结构后的零件

a. 按F5键打开"模型配置"工具栏。在"模型浏览器"对话框中，取消勾选"PolyNURBS"复选框，将初始设计空间设置为激活显示状态，如图 4-30 所示。

b. 双击鼠标右键退出"模型配置"，此时模型如图 4-31 所示，该结构与步骤（3）最终探索的优化结果一致。

c. 在"结构仿真"功能区，单击"显示优化结果"命令，弹出"形状浏览器"。如图 4-32 所示，单击图标，弹出"拟合 PolyNURBS"参数设置对话框，包括"PolyNURBS 面的数量""曲率""收缩包覆尺寸"以及"自动压折"和"相交"复选框等。在具体设置过程中，可通过调整上述参数，获得高质量的拟合 PolyNURBS 块。

图 4-30 模型配置（1）

图 4-31 概念设计模型（1）

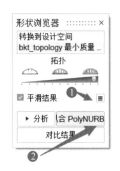

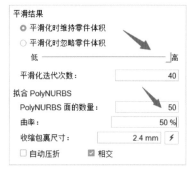

图 4-32 设置"拟合 PolyNURBS"（1）

　　d. 关闭"拟合 PolyNURBS"参数设置对话框，单击图 4-32"形状浏览器"的"拟合 PolyNURBS"，软件运行自动拟合，结果如图 4-33 所示。

　　③ PolyNURBS 自适应自动重构。本次演示使用"PolyNURBS"工具，根据生成的拓扑结果，自动创建一个新的设计模型。

　　a. 按 F5 键打开"模型配置"对话框。在"模型浏览器"对话框中，取消勾选"PolyNURBS"和"零件 1"的复选框，将初始设计空间设置为激活显示状态，如图 4-34 所示。

图 4-33 拟合 PolyNURBS 结果（1）

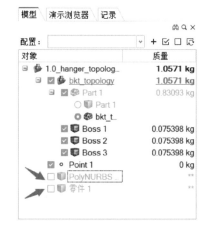

图 4-34 模型配置（2）

b. 双击鼠标右键退出"模型配置"，此时模型如图 4-35 所示，该结构与步骤（3）最终探索的优化结果一致。

c. 在"PolyNURBS"功能区，单击"自适应"命令 ，弹出"自适应"对话框 。如图 4-36 所示，单击"自适应选项"图标 ，弹出"拟合 PolyNURBS"参数设置对话框，包括"PolyNURBS 面的数量""曲率"和"自动压折"复选框。在具体设置过程中，可通过调整上述参数，获得高质量的拟合 PolyNURBS 块。

图 4-35　概念设计模型（2）　　　图 4-36　设置"拟合 PolyNURBS"（2）

d. 单击咖啡色概念设计模型，接着单击图 4-36 中的 ，软件运行自动拟合，结果如图 4-37 所示。可知，设计空间与非设计空间之间未光滑接触，需要手动调整。

e. 鼠标框选如图 4-38 所示，此处框选的尽可能为边界点，此时弹出"移动"工具 。

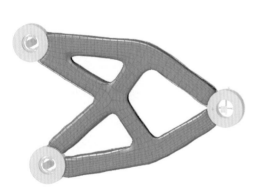

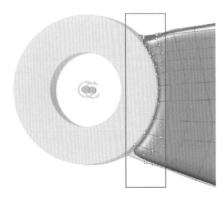

图 4-37　拟合 PolyNURBS 结果（2）　　　图 4-38　框选设计空间边界点

f. 单击"移动"工具 ，弹出如图 4-39 所示的移动工具，鼠标单击面，面往左侧移动，则使框选的点进入非设计空间，结果如图 4-40 所示。

g. 双击鼠标右键退出编辑 PolyNURBS 块，结果如图 4-41 所示。

h. 双击 PolyNURBS 块，重新进入编辑模式，如图 4-42。

i. 重复 e. ~ h.，完成图 4-42 所示的位置 1 ~ 位置 4 的设计空间与非设计空间的连接。连接后的结构如图 4-43 所示。

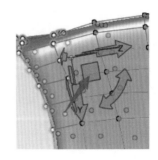

图 4-39　移动工具

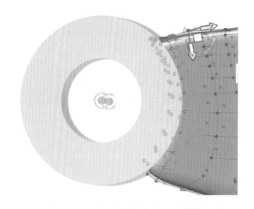

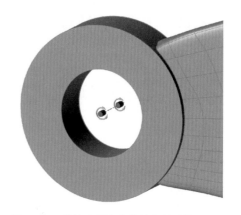

图 4-40　拖动边界点进入非设计空间　　　图 4-41　设计空间与非设计空间连接

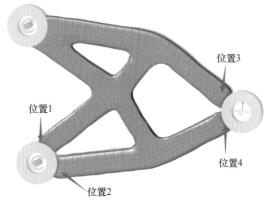

图 4-42　依次完成其余 4 个位置的连接　　　图 4-43　完成设计空间与非设计空间的连接

j. 布尔合并：选中 PolyNURBS 块、Boss1、Boss2 和 Boss3 四个零件，此时零件显示为黄色，如图 4-44 所示。

k. 在"几何"功能区，单击"布尔运算"命令 🛠，弹出如图 4-45 所示的"布尔运算"对话框。

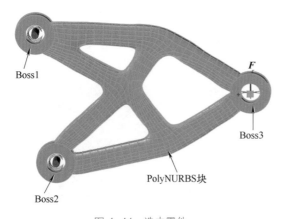

图 4-44　选中零件

图 4-45　"布尔运算"对话框

l. 单击图 4-45 的 ✓，完成将 4 个零件布尔合并为 1 个零件，结果如图 4-46 所示。

m. 倒角：在"几何"功能区，单击"倒角"命令 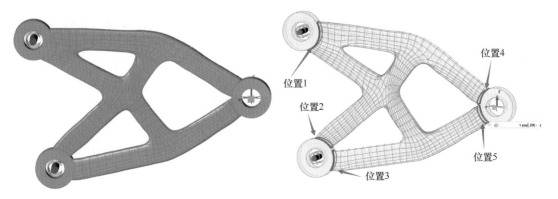，然后单击如图 4-47 中设计空间与非设计空间 5 个位置的相交线，出现"倒角参数"对话框。

图 4-46　布尔合并结果　　　　　　图 4-47　选择相交线

n. 双击鼠标右键完成倒角，并退出"倒角"命令。

4.2　PolyNURBS 建模模块基本命令 ▶▶▶

PolyNURBS 对象呈现的几何体是一个由透明的多边形网格包络着的 NURBS 曲面。PolyNURBS 对象的形状是对包络进行修改的结果，可以通过使用包络的面、边和点来操作。退出"PolyNURBS"工具后，包络即会隐藏，此时将会看到 PolyNURBS 对象。

"PolyNURBS"基本功能区主要包括"创建"工作区、"修改"工作区和"形状"工作区，如图 4-48 所示。

基元　自适应　包覆　Pave　　　移动主体　镜像主体　切分　折分　桥接　锐化　修理　调整　　形状

创建　　　　　　　　　　　　　　　　　　修改　　　　　　　　　　　　　形状

图 4-48　"PolyNURBS"基本功能区

4.2.1　"创建"工作区

"创建"工作区的主要命令包括"基元""自适应""包覆"和"Pave"。

（1）基元

使用"基元"工具可以在选中的对象周围创建单一的 PolyNURBS 实体或曲面，或创建一个实体或曲面作为新模型的起点。如果想建立没有包覆或铺设的 PolyNURBS 几何体，则应从使用此工具开始。

位置：PolyNURBS 功能区，"基元"命令 。

① 创建 PolyNURBS 实体。在空间或实体零件周围创建 PolyNURBS 块。

创建 PolyNURBS 实体的操作步骤如下：

a. 单击选择创建新 PolyNURBS 实体的"基元"工具 。

如果已经有几何体，则选择使用箱体包覆的实体零件，PolyNURBS 块将创建在零件的边界框周围。

如果没有几何体，则无须进行任何操作，PolyNURBS 块将自动创建。

b. 根据需要编辑 PolyNURBS，对点、线、面拖动编辑。

c. 单击右键并通过复选标记退出，或双击鼠标右键。

提示：如果想选择多个零件，在单击创建工具之前选择所有零件，PolyNURBS 块将创建在每个零件的边界框周围。

② 创建 2D PolyNURBS 曲面。在空间或曲面零件周围创建 2D PolyNURBS 曲面。

创建 2D PolyNURBS 曲面的操作步骤如下：

a. 单击"PolyNURBS"命令图标，然后选择创建新 2D PolyNURBS 曲面的"基元"工具。

如果已经有几何体，则选择使用箱体包覆的曲面零件，2D PolyNURBS 曲面将创建在零件的边界框周围。

如果没有几何体，则无须进行任何操作，2D PolyNURBS 曲面将自动创建。

b. 根据需要编辑 PolyNURBS。

c. 单击右键并通过复选标记退出，或双击鼠标右键。

提示：如果想选择多个零件，在单击创建工具之前选择所有零件，2D PolyNURBS 曲面将创建在每个零件的边界框周围。

（2）自适应

使用"自适应"工具在现有的、优化后的概念模型几何体顶部自动新建一个 PolyNURBS 零件，在执行"自适应"操作前，最好先使用"平滑化"工具（在"PolyMesh"功能区单击"平滑化"命令）对网格进行平滑化处理。

自适应的操作步骤如下：

① 单击"PolyNURBS"功能区，然后选择"自适应"命令。

② 单击"操作"栏上的"自适应"按钮，此时会弹出"自适应"对话框。单击"自适应选项"图标，可设置"PolyNURBS 面的数量""曲率"和"自动压折"复选框，如图 4-49 所示。

图 4-49　"自适应"对话框及"自适应选项"

③ 选择优化后的概念模型几何体（图 4-50），按住 Ctrl 键或使用框选可选择多个对象。

④ 单击"自适应"对话框的 ✓ 按钮，自动生成 PolyNURBS 块（图 4-51）。

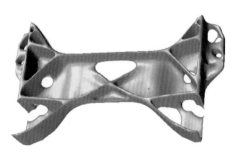

图 4-50　优化后的概念模型

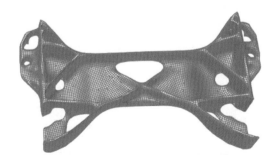

图 4-51　自动生成的 PolyNURBS 块

⑤ 单击右键并通过复选标记退出，或双击鼠标右键。

此外，在获得优化后的结构后，在"形状浏览器"中可以直接单击"拟合 PolyNURBS"，如图 4-52 所示。

需要注意的是，单击 图标，同样可以对"拟合 PolyNURBS"参数进行设置，包括"平滑结果""PolyNURBS 面的数量""曲率"等以及"自动压折"和"相交"复选框，如图 4-53 所示。

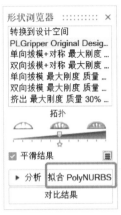

图 4-52 "形状浏览器" 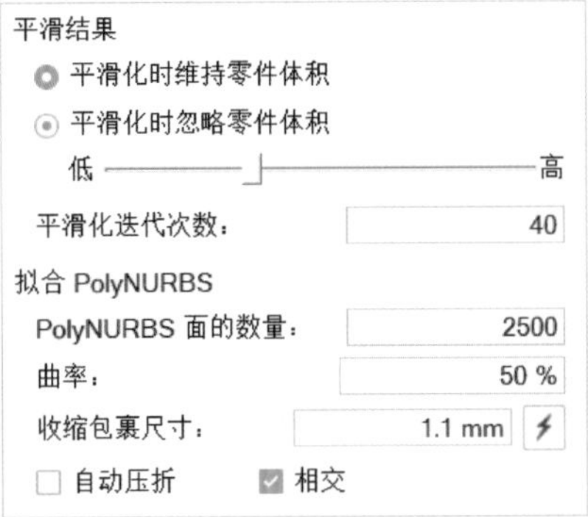　　图 4-53 "平滑结果"参数设置和"拟合 PolyNURBS"参数设置

a. PolyNURBS 面的数量：减少 PolyNURBS 面的数量虽能增大 PolyNURBS 包络的尺寸，但能捕捉的细节非常少。一般而言，希望使用仍能捕捉几何体的最少数量的 PolyNURBS 面，默认为 2500。

b. 曲率：输入更高百分比的曲率将捕捉更多几何特征，默认为 50%。

c. 收缩包裹尺寸：Inspire 将设计空间和非设计空间一起收缩包裹以实现 PolyNURBS 自适应。已给出默认值，如果希望更好地控制结果，可输入另外的数值（图 4-54）。实际上，"收缩包裹尺寸"为"PolyMesh"中的"收缩包裹"命令中的"体素尺寸"，如图 4-55 所示。

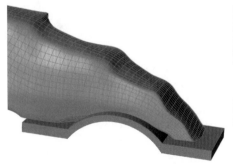

(a) 收缩包裹尺寸为默认值的10倍(11mm)　　(b) 勾选"自动压折"、收缩包裹尺寸为默认值(1.1mm)

图 4-54 收缩包裹尺寸

d. 自动压折：勾选后，高度锐化会自动应用于锐边，如图 4-56 所示。

e. 相交：将 PolyNURBS 零件与原设计空间相交，确保新零件和非设计区域对齐且未超出原设计空间的体积，如图 4-57 所示。

f. 如图 4-57 所示，取消勾选"相交"后，"拟合 PolyNURBS"生成的 PolyNURBS 块将包含非设计空间，且双击后可对点、线、面自由编辑；而勾选"相交"后，"拟合 PolyNURBS"生成的是零件，双击后无法对点、线、面自由编辑。

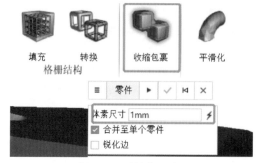

图 4-55 "体素尺寸"

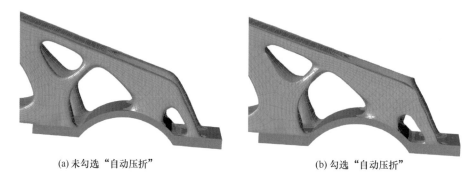

(a) 未勾选"自动压折"   (b) 勾选"自动压折"

图 4-56 "自动压折"拟合 PolyNURBS

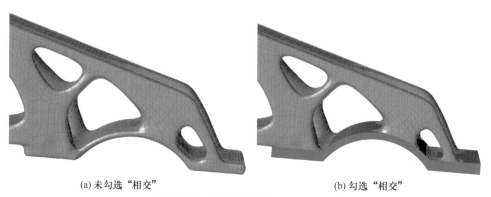

(a) 未勾选"相交"   (b) 勾选"相交"

图 4-57 "相交"拟合 PolyNURBS

（3）包覆

使用"包覆"工具，可以在优化后的形状周围快速包覆创建 PolyNURBS 实体。可以创建多个 PolyNURBS 包络，并将一个包络的面桥接至另一个包络。

位置：PolyNURBS 功能区，"包覆"命令图标。

包覆的操作步骤如下：

① 单击"PolyNURBS"功能区，然后选择"包覆"命令 。

② 单击现有形状，以定义第一个截面：把光标悬停在形状上时，将显示第一个截面的预览。如图 4-13 所示，红色线条表示概念模型几何体的真实截面，黑色线条表示实际将被创建的面（实际生成的面为该黑色面的内包络线）。

③ 再次单击现有形状即可定义下一个截面：把光标悬停在形状上时，将显示第二个截面的预览。沿着截面预览移动鼠标可确定包络面的方向。

④ 继续沿现有形状单击，以创建其他截面。

⑤ 在模型视窗中单击以完成包络，单击右键并通过复选标记退出，或双击鼠标右键。

提示：可以从任何现有的包络面开始或结束一个方块。此外，还可以在平面上结束一个方块。

单击面后，将鼠标悬停在边面上时出现的图形操纵器旋转现有的包络面，如图 4-58 所示，包括旋转边、推拉边面、推拉点（图中❶、❷、❸）。键盘快捷键和鼠标控制如表 4-1 所示。

图 4-58　图形操纵器

（4）Pave

使用 "Pave" 工具可以在现有形状上快速生成 PolyNURBS 曲面。其主要功能包括：混接两个 PolyNURBS 曲面；封堵 PolyNURBS 几何体中的孔洞；将 PolyNURBS 曲面转换成实体。

位置："PolyNURBS" 功能区，"创建" 工具组，"Pave" 命令 。

铺设优化后的形状，通过沿优化后形状的轮廓放置点来铺设曲面。必须有一个优化后的形状可以进行铺设。注意："Pave" 工具仅适用于四边形。

表 4-1　键盘快捷键和鼠标控制（1）

需求	鼠标操作
更改截面预览，使其对齐基本形状，而不是平行于面	Alt
更改基本形状的透明度（STL 或优化结果）	Alt+ 鼠标中键滚动
选中一条边时创建一条循环边	Shift
退出工具	单击右键并通过复选标记退出，或双击鼠标右键

Pave 的步骤如下：

① 单击 "PolyNURBS" 图标，然后选择 "Pave" 命令。

② 通过单击鼠标左键放置四个点来绘制矩形，PolyNURBS 曲面将自动创建。

③ 要将另一个曲面添加到 PolyNURBS 曲面上，单击该曲面一条开放的边，然后再放置另外两个点。

④ 重复①~③铺设其他曲面。

⑤ 单击右键并通过复选标记退出，或双击鼠标右键。

4.2.2　"修改" 工作区

"修改" 工作区的主要命令包括 "移动主体" "镜像主体" "+/−"（添加 / 删除）"拆分" "桥接" "锐化" "修理" 和 "调整"，如图 4-59 所示。

移动主体　　镜像主体　　+/−　　　拆分　　桥接　　锐化　　修理　　调整

图 4-59　"修改" 工作区命令

（1）移动主体

使用 "移动主体" 工具可以来实现移动、旋转或对齐 PolyNURBS 实体。

① 平移。沿轴、平面或在 3D 空间中移动 PolyNURBS 实体（表 4-2）。

平移操作步骤如下：

a. 在"PolyNURBS"功能区，选择"移动主体"工具🔺。

b. 在同一零件上选择一个或多个 PolyNURBS 实体。

表 4-2　沿轴、平面或在 3D 空间中移动

需求	操作
沿轴移动	单击"X""Y"或"Z"箭头
沿平面移动	单击 XY、XZ 或 YZ 平面
在 3D 空间中移动	单击原点

提示：通过捕捉点（端点、中点、中心点等）抓取和释放实体以精确对齐它们。可以通过按住 Alt 键暂时禁用捕捉功能。若要获得更高的精度，则单击"图形操纵器"，然后拖动图形操纵器或在小对话框中键入距离。

c. 单击右键并通过复选标记退出，或双击鼠标右键。

② 旋转。围绕 X 轴、Y 轴或 Z 轴旋转对象。

旋转操作步骤如下：

a. 在"PolyNURBS"功能区，选择"移动主体"命令🔺。

b. 在同一零件上选择一个或多个 PolyNURBS 实体。

c. 如图 4-60 所示，旋转对象的方法如下：

• 拖动一个弯曲的箭头；

• 单击弯曲的箭头，然后在小对话框中输入一个角度；

• 单击弯曲的箭头，然后拖动对象。

图 4-60　旋转体

提示：通过捕捉点（端点、中点、中心点等）抓取和释放实体以精确对齐它们。可以通过按住 Alt 键暂时禁用捕捉功能。

d. 单击右键并通过复选标记退出，或双击鼠标右键。

（2）镜像主体

使用"镜像主体"工具可以在对称平面上镜像 PolyNURBS 实体。

镜像主体的操作步骤如下：

① 在"PolyNURBS"功能区，选择"镜像主体"命令🖼。

② 单击一个零件，默认进入选择镜像平面。如果需要选择多个 PolyNURBS 零件，在"引

导"栏上选择"Bodies"(实体),然后在建
模窗口中选择一个或多个 PolyNURBS 实体
(图 4-61)。

图 4-61 "引导"栏(1)

③ 单击"引导"栏上的"Plane",然
后选择一个面或一个参考平面来定位镜像平面。当将鼠标悬停在面或参考平面上时,会出现
镜像平面的预览。选择平面后,将显示镜像实体的预览。默认情况下,原始实体和镜像实体
都保留在模型中。若要仅保留镜像实体,则单击"引导"栏上的 ≡,然后取消勾选复选框
(图 4-62)。

④ 单击"引导"栏或小对话框上的应用 ▶ 。

⑤ 单击右键并通过复选标记退出,或双击鼠
标右键。

图 4-62 "引导"栏(2)

提示:① 可以使用全局或用户定义的参考平
面作为镜像平面。

② 要重新定位镜像平面,请单击 ⚛ 图标。

③ 要将镜像对象与 X、Y 或 Z 轴对齐,请单击 X Y Z 图标。

(3)+/-

使用"+/-"(添加/删除)工具可以通过添加或删除方块,修改现有的 PolyNURBS 包络,
可快速建立 PolyNURBS 对象的基本形状。

位置:"PolyNURBS"功能区,"修改"工具组,"+/-"命令 🧊。

① 添加方块到箱体:使用"+"(添加)工具向现有的 PolyNURBS 包络面添加方块。

a. 单击"PolyNURBS"图标,然后选择"+"命令 🧊。

b. 单击现有的包络面添加新方块。对于 PolyNURBS 曲面,单击边可添加一个新面。

c. 单击右键并通过复选标记退出,或双击鼠标右键。

提示:在编辑 PolyNURBS 曲面时,单击一个面以将所有相连的面挤出为一个实体。有些
PolyNURBS 曲面因为折角而无法被挤出。

② 删除箱体中的方块:使用"-"(删除)工具删除现有 PolyNURBS 包络面中的方块。

a. 单击"PolyNURBS"图标,然后选择"-"命令 🧊。

b. 单击现有的包络面删除方块。对于 PolyNURBS 曲面,选择一个面并将其删除。

c. 单击右键并通过复选标记退出,或双击鼠标右键。

(4)拆分

使用循环边拆分包络或使用"拆分"工具可以分离一个单独的 PolyNURBS 包络面。

位置:"PolyNURBS"功能区,"修改"工具组,"拆分"命令 🧊。

① 使用循环边拆分箱体。围绕包络绘制循环边,细分 PolyNURBS 对象,以在编辑包络时
获得更多控制。单击"PolyNURBS"图标,然后选择"使用循环边拆分箱体"工具。

单击现有包络的边,创建垂直于该边的循环。将光标移至现有的边上可预览循环,此时即
会在所单击的点上创建一个循环。

单击右键并通过复选标记退出,或双击鼠标右键。

② 拆分面。分离一个单独的 PolyNURBS 包络面。单击"PolyNURBS"图标,然后选择
"拆分面"工具,在一条边上单击一个点,以便分离面。

提示:按住 Alt 键可暂时禁用捕捉功能。

再次在该面的其他任意一条边上单击一个点以拆分该面。

单击右键并通过复选标记退出,或双击鼠标右键。

表 4-3 为键盘快捷键和鼠标控制。

表 4-3　键盘快捷键和鼠标控制（2）

需求	鼠标操作
暂时禁用捕捉功能（PolyNURBS 工具）	Alt
更改基本形状的透明度（STL 或优化结果）	Alt + 鼠标中键滚动
添加到已选对象，或从已选对象中删除选择的一个循环，进入编辑模式	Ctrl
删除所选分离或循环	删除
退出工具	单击右键并通过复选标记退出，或双击鼠标右键

（5）桥接

使用"桥接"工具可以在相同 PolyNURBS 包络或不同包络的两个或多个面之间创建桥接。

位置："PolyNURBS"功能区，"修改"工具组，"桥接"命令。

桥接的操作步骤如下：

① 单击"PolyNURBS"图标，然后选择"桥接"命令🔧。

② 单击两个或多个面。

③ 在选中的面之间创建桥接。

④ 重复以上步骤创建更多桥接。单击右键并通过复选标记退出，或双击鼠标右键。

提示：若要合并两个重合的面，则框选这两个面，然后应用"桥接"工具。这个技巧尤其适用于镜像零件。也可以使用"桥接"工具来创建通道。

（6）锐化

使用"锐化"工具可以沿 PolyNURBS 的边控制锐度。共有四个等级的锐化，可以手动或自动设置锐化系数。

位置："PolyNURBS"功能区，"修改"工具组，"锐化"命令。

锐化的操作步骤如下：

① 单击"PolyNURBS"图标，然后选择"锐化"命令🎁。

② 单击一条边或一个面。使用框选可选中多条边或多个面。

③ 在小对话框上选择需要的锐化等级，即高、中等、低、无，也可以选择"自动锐化"。

④ 根据需要选择其他面或边进行锐化。单击右键并通过复选标记退出，或双击鼠标右键。

提示：选中小对话框上的"自动锐化"可自动确定锐化系数。

在图例中选"中等"锐化等级，以隐藏相应锐化等级对应的边颜色。

"高"等级锐化可产生完美的压痕，还可以使用"高"等级锐化为边添加倒角和削角（图 4-63 ~ 图 4-65）。

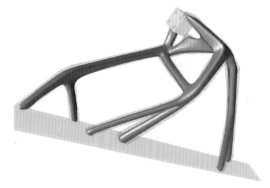

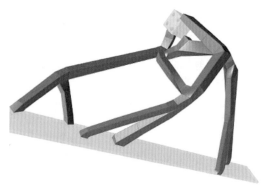

图 4-63　初始 PolyNURBS 模型　　　　　图 4-64　应用了"锐化"工具的初始模型

（7）修理

使用"修理"工具可以封闭 PolyNURBS 框架中的孔。

修理的操作步骤如下：

① 在"PolyNURBS"功能区选择"修复"命令🧊。

② 选择一条红色边来封闭一个洞。

③ 单击"引导"栏上的 ▶ 。

④ 单击右键并通过复选标记退出，或双击鼠标右键。

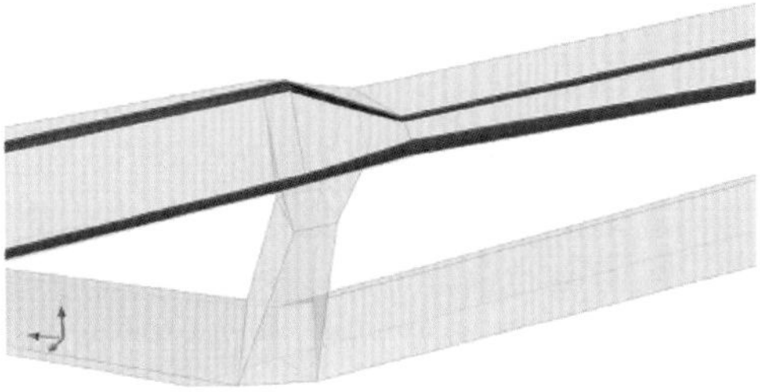

图 4-65 应用了倒角的锐化边

（8）调整

使用"调整"工具可以自动收缩或扩展，使 PolyNURBS 包络适应优化后的形状。

位置："PolyNURBS"功能区，"修改"工具组，"调整"命令。

调整的操作步骤如下：

① 单击"PolyNURBS"图标，然后选择"调整"命令🏺。
在弹出的对话框中，选择"零件"或者"包络点"（图 4-66）。

若要调整零件，则单击"操作"栏上的"零件"，然后单击 PolyNURBS 零件。

若要调整包络点，则单击"操作"栏上的"包络点"，然后框选或按住 Ctrl 键同时单击包络点（图 4-67）。

图 4-66 "操作"栏

② 单击"操作"栏上的"调整"按钮。重复单击"调整"按钮将逐渐得到更贴合的效果（图 4-68）。

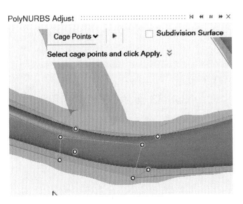

图 4-67 选择调整的点

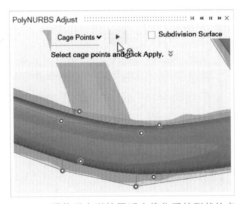

图 4-68 调整后直送扩展适应优化后的形状的点

③ 单击右键并通过复选标记退出，或双击鼠标右键。

提示：包络点可实现对"调整"操作的局部控制。PolyNURBS 的控制点越多，其与零件的适应效果越好。

4.2.3 "形状"工作区

使用"形状"工具定义在 PolyNURBS 优化时 PolyNURBS 包络点的移动方向。

位置："PolyNURBS"功能区，"形状"命令🎲。

可将"形状"应用到希望修改 PolyNURBS 曲面的位置。具体而言，应选择现有的包络点，允许这些包络点在优化时沿指定方向移动。每个形状变量将沿一个轴移动。如果希望包络点沿不同方向移动，则应该创建多个形状变量。

形状的操作步骤如下：

① 单击"PolyNURBS"图标，然后再选择二级功能区的"形状"命令📐。

可选：按 H 键隐藏 PolyNURBS，以更方便地看到包络点。

② 选择一个包络点或面。按住 Ctrl 键可选择多个包络点，或双击一个面选择平面上的所有。

③ 单击"创建"。形状变量将出现在模型视窗中，并由彩色箭头指示方向。形状变量名称将出现在模型视窗左上角的图例中（图 4-69）。

④ 选择小对话框中的"移动"工具，更改形状变量可以沿之移动的轴。单击空白处退出编辑模式。

⑤ 重复该步骤，创建所需数量的形状变量。单击右键并通过复选标记退出，或双击鼠标右键。

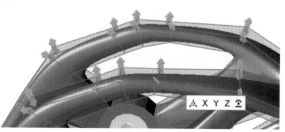

图 4-69 模型视图

⑥ 要优化 PolyNURBS 零件，选择"优化"图标上的"运行优化"工具，并将优化类型选择为 PolyNURBS 形状。

提示：选择图例或建模窗口中的一个形状变量进行编辑。

红色包络点表示已被锁定，无法用于形状变量，一般是因为它们包含在倒角或布尔运算操作中。

创建更多形状变量一般会产生更精确的结果，但运行优化会耗费更长的时间。如果希望保持 PolyNURBS 的基本形状，使用较少的形状变量。

思考题 ▶▶▶

1. 简述"PolyNURBS"的含义。

2. 简述 Altair Inspire 的四种几何重构方式及其特点。

3. 简述 PolyNURBS 手动重构中常用的指令和操作方式。

4. 简述拟合 PolyNURBS 自动重构参数设置的"PolyNURBS 面的数量""曲率""收缩包裹尺寸""自动压折"和"相交"的含义。

5. 简述 PolyNURBS 自适应自动重构中设计空间与非设计空间光顺化连接的方式。

任务训练 ▶▶▶

任务：弧形支架的结构优化

来源：2022 年"3D 打印产品轻量化设计教师培训"考核题目

任务书：

"3D 打印产品轻量化设计教师培训"考核任务书

一、模型说明

已知弧形支架结构及典型位置示意图如图 4-70 所示，部件根据实际的受载情况进行适当的简化调整，位置 1 为前端安装孔，其余位置为螺栓安装孔。其中，位置 1 的载荷如图 4-71 所示。

二、零部件材料及载荷条件

（1）材料：Steel（AISI 316）（杨氏模量 195GPa、泊松比 0.29、密度 8000kg/m³、屈服强度 205MPa）。

（2）约束：如图4-70所示，位置2、位置3、位置4和位置5处的螺栓孔完全约束，分别命名为约束1、约束2、约束3和约束4。

（3）力：

F_1：如图4-71所示，大小为15000N，作用于位置1的内孔，方向平行于YZ平面，与Y正方向夹角呈45°，方向向量（0，0.707，0.707）。

F_2：如图4-71所示，大小为10000N，作用于位置1的内孔，方向平行于YZ平面，与Y正方向夹角呈135°，方向向量（0，-0.707，-0.707）。

（4）载荷工况：共计两个工况。

① 载荷工况1：约束1、约束2、约束3、约束4，F_1。

② 载荷工况2：约束1、约束2、约束3、约束4，F_2。

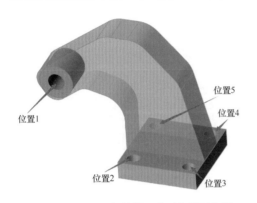

图4-70 弧形支架结构及典型位置示意图

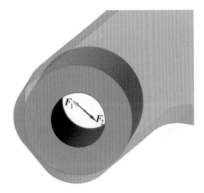

图4-71 弧形支架位置1载荷示意图

三、优化定义与总体设计要求

（1）分析单元尺寸设置为7mm；优化质量目标建议为25%～35%；优化最小厚度约束建议为12～18mm，最大厚度约束至少为最小厚度约束的2倍。

（2）总体设计要求：最小安全系数不小于1.5，实现结构的最轻量化设计。

四、任务：零件轻量化再设计（100分）

根据给定的原始3D模型文件Hook.step，使用Altair Inspire通过拓扑优化的方法进行再设计，在满足实际的刚度和性能要求的情况下尽可能减轻质量、节省材料。传统的产品受限于设计生产方式并不能做到效能的最优。现在可以通过拓扑优化结合增材制造的方式获得最合理的材料分布，以最少的材料实现最佳的性能。具体要求如下：

（1）初始强度分析：根据提供的材料和载荷条件，使用Altair Inspire对初始零部件3D模型文件Hook.step进行强度分析评估（包括最大位移、最大米塞斯等效应力、最小安全系数）。

（2）拓扑优化：根据提供的边界条件对部件进行拓扑优化，指定设计空间和非设计空间，添加形状控制，以刚度最大化作为优化目标，质量和厚度作为设计约束，分析得到拓扑优化结果。

（3）几何重构：对（2）的优化结果进行几何重构，获得最终的轻量化设计模型。

（4）模型输出：以（3）重构结果导出可供3D打印的youhua.stl文件［若（3）未完成，以（2）优化的结果输出］，保存优化过程为youhua.stmod文件。

（5）强度校核：对（3）的模型再次进行强度分析评估，获得分析结果（包括最大位移、最大米塞斯应力、最小安全系数），确保零件的最大应力值小于材料的屈服应力。

（6）报告要求：请撰写报告，将（1）的强度分析结果、（2）的优化以及（5）的强度分析结果总结成报告提交。文件以zongjiebaogao命名，格式为docx。

第 5 章

Altair Inspire 点阵结构设计工程案例

📚 学习目标

知识目标

（1）掌握点阵优化基本概念和基本思想；
（2）掌握点阵优化的操作步骤；
（3）掌握点阵填充基本概念和基本思想；
（4）掌握点阵填充的操作步骤。

技能目标

（1）能够完成点阵优化；
（2）能够完成点阵填充；
（3）能够完成零件力学性能分析。

素养目标

（1）培养学生的实践能力、创新能力；
（2）培养学生科学严谨的治学态度和精益求精的工匠精神。

📖 考核要求

完成本章学习内容，能够对零件进行强度分析、结构优化、点阵优化和点阵填充。

点阵结构虽然是 3D 打印独有的特点，但从设计方面来说，仍具有一些理想特性。由于点阵结构具有较大的结构部件网络，优化后的点阵设计具有更好的稳定性和更理想的热性能。此外，它还具有理想的质量，可作为实现减轻质量目标的一种方法。点阵结构尤其适用于生物医学应用领域（例如移植），这是因为其具有多孔性，能够促进骨头和组织的生长。

点阵结构与固体结构所占据的设计空间相同，但刚性更小且能承受更大的应力。因此，与传统拓扑优化中所设定的设计目标相比，执行点阵优化时需要设定更为保守的设计目标。与占据相同空间的固体结构相比，点阵结构中的位移和应力通常要提高 5 ~ 10 倍。由于不能始终准确地预估退化情况，因此在获取所需的点阵优化结果前，可能需要在执行优化时逐渐强化约束。

5.1 案例：吊杆零件的点阵结构优化 ▶▶▶

5.1.1 点阵优化基本步骤

点阵结构通常包含不同类型的单元格。在 Altair Inspire 中，每个梁都可以进行优化，然后使用优化后的点阵结构（而非重复模式）来填充设计空间。需要注意的是，这只对实体有效，而且设计空间必须与非设计空间分离。

点阵优化进程主要分两步。

第一步：拓扑优化。

第二步：对于指定的设计空间再进行点阵优化。

5.1.2 操作演示

点阵优化的第一步是对零件进行拓扑优化，本节对吊杆零件进行拓扑优化，优化重构后的模型采用拟合 PolyNURBS 自动重构，见图 4-33。

第二步是对指定的设计空间进行点阵优化操作演示。

（1）打开优化后的吊杆模型

打开 Altair Inspire 软件，按 F2、F3 键分别打开"模型浏览器"和"属性编辑器"。单击"基础"栏"文件"图标打开模型。

在"打开文件"窗口中，选择如图 4-33 所示的模型，然后单击打开。

（2）设置点阵设计空间

① 按 F5 键打开"模型配置"工具栏。在"模型浏览器"中，取消勾选"Part 1"旁边的复选框，将初始设计空间设置为关闭状态，如图 5-1 所示。

② 双击鼠标右键退出"模型配置"。

③ 右击 PolyNURBS 零件并从右键菜单中选择"设计空间"（图 5-2）。

需要注意的是，设计空间与非设计空间的 Boss 零件之间出现微小偏移，这可以防止所生成的点阵隆起，如图 5-3 所示。

图 5-1　模型配置

图 5-2　设置设计空间

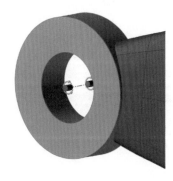

图 5-3　设计空间与非设计空间的微小偏移

（3）取消勾选"覆盖"

因为目标点阵长度通常大于非设计空间零件的理想单元尺寸，所以，在运行点阵优化前，需要取消勾选"属性编辑器"中"网格"栏"覆盖"复选框。

① 按 F3 键打开"属性编辑器"。

② 选择 Boss1 零件。

③ 在"属性编辑器"中，取消勾选"网格"栏"覆盖"复选框（图 5-4）。

④ 重复②~③，取消勾选 Boss2 和 Boss3 零件"网格"栏"覆盖"复选框。

（4）设置并运行点阵优化

① 单击"结构仿真"功能区"优化"图标上的"运行优化"图标。

② 设置"运行优化"窗口中的选项，如图 5-5 所示。

a. 选择"格栅结构"（点阵）作为优化"类型"。

图 5-4 取消勾选"覆盖"复选框

b. 选择"最小化质量"作为优化"目标"。

c. 在"格栅结构"下，将"目标长度"设置为"6mm"，"最小直径"设置为"1mm"，"最大直径"设置为"3mm"。

d. 将"填充"设置为"100% 格栅结构"。

e. 在"应力约束"下，将"最小安全系数"设为"1"。

③ 单击"运行"。

④ 查看结果。

运行结束后，双击运行名称查看结果（图 5-6）。

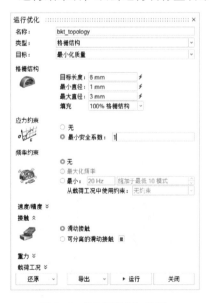

图 5-5 "运行优化"设置

图 5-6 点阵优化后的模型

在"分析浏览器"中，查看点阵优化运行的结果。如图 5-7 所示，查看"安全系数"：单击"分析浏览器"下方的"Min/Max"，此时模型中显示最大和最小安全系数，其中最小安全系数为 5。

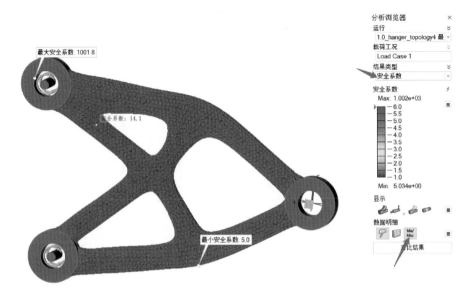

图 5-7　安全系数

5.2　PolyMesh 模块基本命令 ▶▶▶

PolyMesh 可以从其他类型的几何体和结果中创建多边形网格对象，其基本功能包括"填充""转换""收缩包裹"和"平滑化"（图 5-8）。

| 填充 | 转换 | 收缩包裹 | 平滑化 |

格栅结构

图 5-8　PolyMesh 功能

5.2.1　填充

使用"填充"工具可以将实体零件转换为单位单元格格栅结构。其特点包括：支持多种单胞形式、支持点阵与实体边界过渡融合、支持单胞相对结构位置变化（支持倾斜填充）、支持用户自定义单胞直径和长度以及生成 STL/ 实体 CAD 格式（x_t、stp、igs）模型。

位置："PolyMesh"功能区，"填充"图标 。

填充的步骤如下：

① 选择一个实体零件来预览格栅结构。

② 在"操作"栏上，选择参考坐标系的形状——框、柱状或相对曲面。

③ 在小对话框上选择格栅结构单元格类型，并根据需要更改"单位单元格尺寸"和"梁半径"（图 5-9）。

④ 单击"操作"栏上的"创建"。

提示：预览格栅结构时，选择黑色的小单元格并调整其位置，以将格栅结构单元格的中心对齐几何体上的特定位置。这将确保格栅结构的其他部分对齐确定位置的单元格。

对于圆柱参考坐标系，使用小对话框上的"移动"工具来平移或旋转参考坐标系。

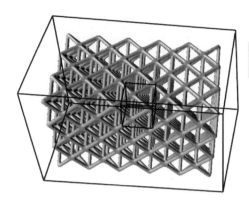

图 5-9 点阵类型

如果选择"相对曲面"作为参考坐标系，则单击"操作"栏上的"曲面"来选中相对曲面。Inspire 软件将在两个曲面之间绘制格栅结构。使用小对话框上的"移动"工具来移动样条起始位置和结束位置。

可以对点阵结构零件和网格或 NURBS 曲面运行布尔运算，或者使用"PolyMesh"功能区中的"转换"工具来创建 NURBS 曲面。

5.2.2 转换

使用"转换"工具可以从单位单元格点阵结构创建 NURBS 曲面。

位置："PolyMesh"功能区，"转换"图标▣▣。

选择一个格栅结构零件，然后单击"创建"将其转换为 NURBS 曲面。

提示：将单位单元格格栅结构转换为 NURBS 曲面后，可以对其和周围零件运行布尔运算，然后运行 SimSolid 分析。

5.2.3 收缩包裹

通过"收缩包裹"工具可以利用单个等值面包覆零件。

位置："PolyMesh"功能区，"收缩包裹"图标▣▣。

选择一个或多个零件，然后单击"收缩包裹"生成单个 PolyMesh 零件。

提示：当希望合并优化后的结果和非设计空间区域时，使用"收缩包裹"工具。这样做可以使单个 PolyNURBS 适应整个模型。

默认情况下，所选零件即合并至单个零件。可从"操作"栏选项菜单中取消勾选该复选框。

使用右键菜单将收缩包裹零件转换为三角网格，然后可以运行布尔运算，或使用三角网格上的"平滑化"工具。

单击"收缩包裹"命令，弹出小对话框，如图 5-10 所示。其中，体素尺寸指的是收缩包裹后的零件中的每个单元体的边长。

5.2.4 平滑化

使用"平滑化"工具可以使网格几何体平滑化。

位置："PolyMesh"功能区，"平滑化"图标▣。

平滑化的步骤如下：

① 选择要平滑化的网格几何体。

② 使用滑块和其他选项调整平滑化："保持体积"选项会默认启用。取消选择该选项会提

供更加平滑的结果，但材料会显示得更薄或在某些区域被完全删除。迭代次数越多，结果越平滑（图 5-11）。

图 5-10　"收缩包裹"对话框　　　　　图 5-11　平滑化网格

思考题 ▶▶▶

1. 简述点阵结构的特点及应用场景。
2. 简述 Altair Inspire 点阵填充和点阵优化两种点阵设计的特点。
3. 简述点阵优化的操作步骤。
4. 简述点阵类型及点阵填充的操作步骤。

任务训练 ▶▶▶

任务：汽车刹车踏板的点阵结构优化设计

来源："全国大学生先进成图技术与产品信息建模创新大赛"轻量化赛项样题

任务书：见 3.1 案例：汽车刹车踏板的拓扑结构优化

要求：在拓扑优化的基础上，进一步完成刹车踏板的点阵优化、局部点阵填充，如图 5-12 所示。

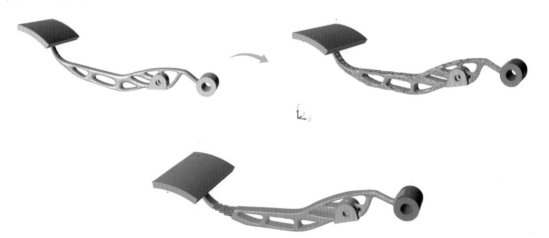

图 5-12　刹车踏板的拓扑优化、点阵优化和局部点阵填充

第6章 Altair Inspire 运动仿真与优化工程案例

学习目标

知识目标

（1）掌握运动仿真与优化的基本概念和基本思想；

（2）掌握运动仿真与优化的操作步骤；

（3）掌握力学性能分析的基本结果类型及含义。

技能目标

（1）能够完成结构的运动设置；

（2）能够设置运动接触；

（3）能够完成零件力学性能分析；

（4）能够通过零件力学性能分析结果预测缺陷；

（5）能够完成零件结构优化；

（6）能够完成零件拟合 PolyNURBS 自动重构。

素养目标

（1）培养学生的实践能力和创新能力；

（2）培养学生科学严谨的治学态度和精益求精的工匠精神。

考核要求

完成本章学习内容，能够对机构进行运动仿真与优化。

6.1 案例：槽轮机构运动接触仿真 ▶▶▶

槽轮机构（Geneva Drive）是由装有圆柱销的主动拨盘、从动槽轮和机架组成的单向间歇运动机构，又称马耳他机构。它常将主动件的连续转动转换成从动件的带有停歇的单向周期性转动。

槽轮机构的典型结构如图 6-1 所示，它由主动拨盘（1）、从动槽轮（2）和机架组成。主动拨盘以等角速度做连续回转，当主动拨盘上的圆销 A 未进入从动槽轮的径向槽时，由于从动槽轮的内凹锁止弧被主动拨盘的外凸锁止弧卡住，故从动槽轮不动。图 6-1 所示为圆销 A 刚进入从动槽轮径向槽时的位置，此时内凹锁止弧刚被松开。此后，从动槽轮受圆销 A 的驱使而转动。而当圆销 A 在另一边离开径向槽时，内凹锁止弧又被卡住，从动槽轮又静止不动。直至圆销 A 再次进入从动槽轮的另一个径向槽时，又重复上述运动。所以，从动槽轮做时动时停的间歇运动。

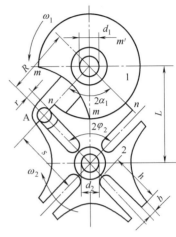

图 6-1　槽轮机构的典型结构

槽轮机构的结构简单，外形尺寸小，机械效率高，并能较平稳地、间歇地进行转位。但因为转动时尚存在柔性冲击，故常用于速度不太高的场合。

6.1.1　运动操作的基本步骤

运动操作的基本步骤如图 6-2 所示。

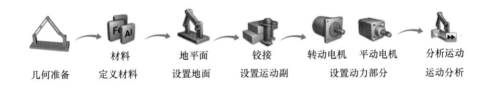

几何准备　　材料　　地平面　　铰接　　转动电机　平动电机　分析运动
　　　　　定义材料　设置地面　设置运动副　设置动力部分　运动分析

运动分析

图 6-2　运动仿真操作步骤

6.1.2　模型说明

已知槽轮机构结构模型（图 6-3），模型部件根据实际的受载情况进行适当的简化调整，Y 形支架部件的孔为安装孔，使用约束和力来表征安装孔的固定和受力情况（图 6-3）。

零部件材料及载荷条件：

① 材料：AISI 304。

② 约束：如图 6-4 所示，导轨为机架。

③ 载荷：

•主动件为主动拨盘，在位置 4 的主动拨盘和滑块上设置转动电机，电机参数如图 6-5 所示。

•在位置 5 的滑块上设置平动电机，具体参数如图 6-6 所示。

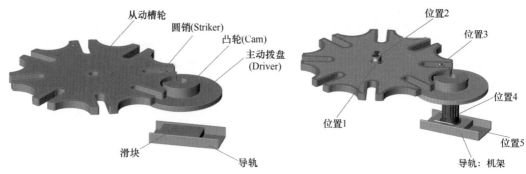

图 6-3　槽轮机构结构模型示意图　　　　　　　　　图 6-4　载荷和约束位置

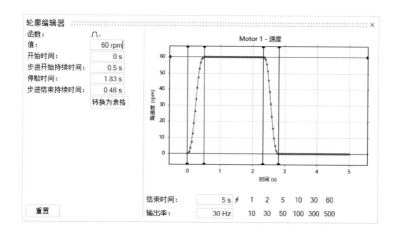

图 6-5　转动电机参数

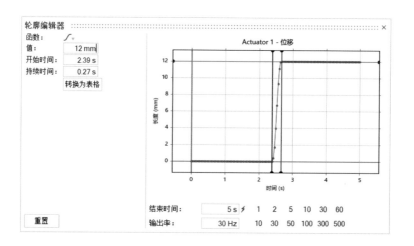

图 6-6　平动电机参数

·在位置 2 处施加扭力弹簧，具体参数如图 6-7 所示。

6.1.3 操作演示

（1）打开槽轮机构模型

① 打开 Altair Inspire 软件，按 F2、F3、F6 键分别打开"模型浏览器""属性编辑器"和"结构历史"，按 F7 键打开"演示浏览器"。

② 单击"演示浏览器"，浏览器中包含了 Altair Inspire 软件自带的指导模型库，即"Motion""Print3D"和"Structures"，分别指的是运动仿真、3D 打印工艺仿真和结构优化三个模块的模型库。

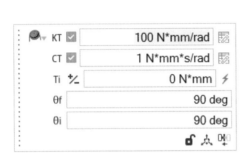

图 6-7　扭力弹簧参数

图 6-8　演示浏览器

③ 在"演示浏览器"窗口中，单击"Motion"文件夹，选择"M07_GenevaWheel.x_t"文件（图 6-8），双击打开槽轮机构原始模型，如图 6-9 所示。

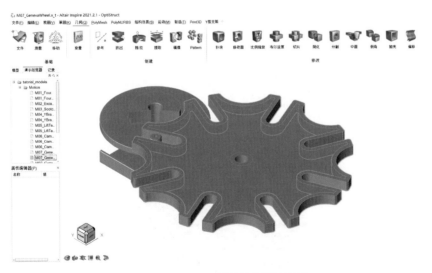

图 6-9　槽轮机构原始模型

④ 单击"视图"下拉菜单，选择"自动填色"命令，槽轮机构自动涂色以区分不同零件，如图 6-10 所示为填色后的槽轮机构。

（2）设置地面

① 在"运动"功能区，单击"地平面"图标，然后用鼠标选择导轨零件，此时导轨零

件变为红色，如图 6-11 所示。

图 6-10　填色后的槽轮机构

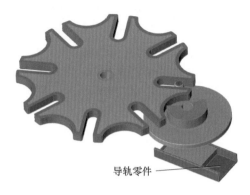

图 6-11　设置地面

② 双击鼠标右键退出"地平面"工具，此时，在"模型浏览器"中，Guide 零件前方图标变为 ⏚（地平面），如图 6-12 所示。

（3）设置刚体组

① 在"运动"功能区，单击"刚体组"图标 🪨，然后在"模型浏览器"中选择"Geneva Wheel Assembly"从动槽轮组件，此时从动槽轮变为红色，如图 6-13 所示。

② 在弹出的"设置刚体组"对话框  中，单击"创建"，创建名为"Geneva Wheel Assembly"的刚体组。

③ 在模型视图窗口中选择"Cam"（凸轮）和"Driver"（主动拨盘）零件，此时凸轮和主动拨盘颜色为红色，如图 6-14 所示。

图 6-12　零件的地面图标

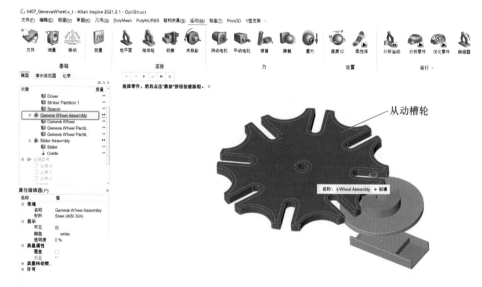

图 6-13　选择从动槽轮装配件

④ 在弹出的"设置刚体组"对话框

名称：主动拨盘 + 创建 中，单击"创建"，

创建名为"主动拨盘"的刚体组。

⑤ 双击鼠标右键退出"刚体组"

工具。

⑥ 在"运动"功能区，单击"刚
体组"图标的"列出刚体组"图标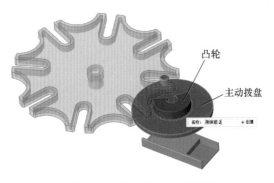
，弹出"刚体组"对话框，如图6-15
所示。

图6-14 选择凸轮和主动拨盘

图6-15 "刚体组"对话框

（4）设置螺栓连接

① 在"结构仿真"功能区，单击"螺栓连接"图标，此时在槽轮机构中自动搜索可能
需要螺栓连接的位置，显示为红色，如图6-16所示。

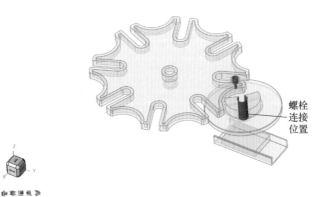

图6-16 设置螺栓连接

② 如图6-17所示，单击 Driver
（主动拨盘）处的红色圆孔面，在弹出
的对话框中选择"螺栓"，对 Striker
Partition1、Driver 和 Spacer 零件进行
螺栓连接。

（5）创建铰接

① 在"运动"功能区，单击"铰
接"图标，此时在槽轮机构中自动
搜索可能需要铰接的位置，显示为红
色，如图6-18所示。

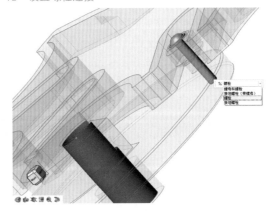

图6-17 设置螺栓

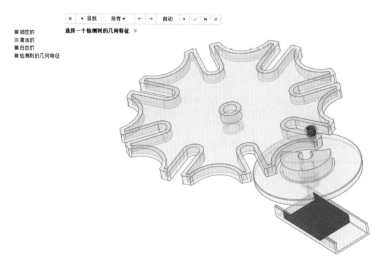

图 6-18　设置铰接（1）

② 单击圆柱面，选择"圆柱"，勾选"锁定的"，创建锁定的圆柱运动副，如图 6-19 所示。

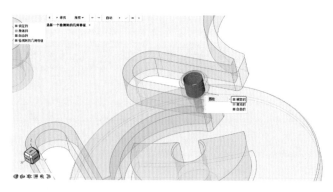

图 6-19　设置铰接（2）

③ 继续单击滑块与导轨接触面，选择"平移"，勾选"激活的"，创建平移运动副，如图 6-20 所示。

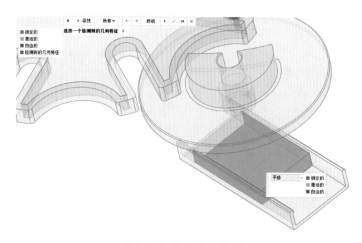

图 6-20　设置铰接（3）

④ 转动模型后单击槽轮中心的内孔面，此时该面颜色变为红色，如图 6-21 所示。

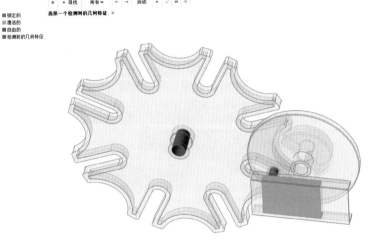

图 6-21　选择槽轮中心内孔面

⑤ 再次单击内孔面，选择"接地铰接"，如图 6-22 所示。

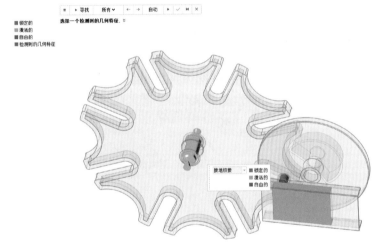

图 6-22　设置"接地铰接"

⑥ 双击鼠标右键退出"铰接"命令。

⑦ 单击"铰接"图标的"打开铰接表"命令 ，弹出"铰接"列表观察铰接信息，如图 6-23 所示。

铰接								
名称		连接类型	零件	状态	检测到的几何特征	搜索距离	材料	运行状态
铰接 1		圆柱	Striker, Striker Partition 1	锁定的	圆柱副	0 mm	Steel (AISI 304)	默认
铰接 2		平移	Slider, Guide	激活的	多平面副	0 mm	Steel (AISI 304)	默认
铰接 3		接地铰接	Geneva Wheel Partition 1	激活的	单个孔	0 mm	Steel (AISI 304)	默认

图 6-23　"铰接"列表

（6）创建转动电机

① 在"运动"功能区，单击"转动电机"图标 ，转动电机通过轴和基座来定义，第一次单击定义轴的位置，第二次单击定义基座的位置。

② 单击主动拨盘中心的内孔面，此时该面变为红色，定义该面的中心轴为转动电机转动轴的位置，如图 6-24 所示。

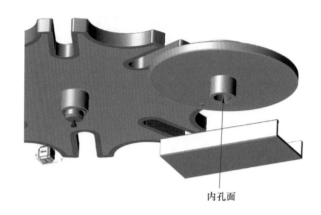

内孔面

图 6-24　定义转动轴

③ 单击滑块零件的上表面，定义基座的位置，此时自动创建电机，如图 6-25 所示。

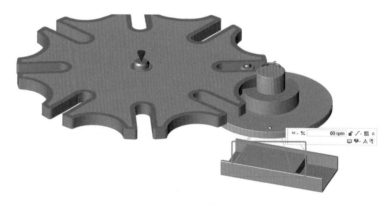

图 6-25　定义基座的位置

④ 在弹出的"电机设置"对话框中，首先单击"反转至另一面"❶，改变基座的位置；然后修改电机类型为"后置"❷；接着单击"轮廓编辑器"❸，如图 6-26 所示。

⑤ 在弹出的"轮廓编辑器"对话框中，依次设置"函数""停歇时间"和"结束时间"，如图6-27 所示。

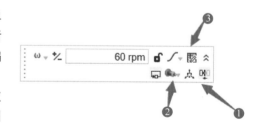

图 6-26　"电机设置"对话框

⑥ 关闭"轮廓编辑器"对话框，双击鼠标右键退出，完成了转动电机的设置，图 6-28 所示为后置转动电机。

（7）创建平动电机

① 在"运动"功能区，单击"平动电机"图标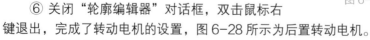，此时 Inspire 软件自动检测设置了平动运动副的零件，并以红色显示，如图 6-29 所示。

② 直接单击红色位置，此时弹出平动电机参数设置对话框。如图 6-30 所示，首先单击电机运动箭头，使平动电机往 Y 轴正方移动，接着单击电机"轮廓编辑器"。

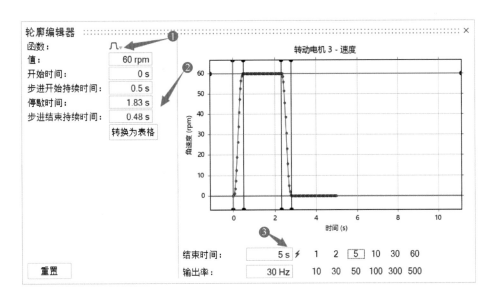

图 6-27　设置电机参数

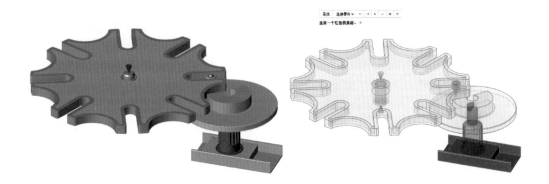

图 6-28　后置转动电机

图 6-29　设置平动电机（1）

③ 在"轮廓编辑器"对话框中，依次设置"函数""开始时间"和"结束时间"，如图 6-31 所示。

④ 关闭"轮廓编辑器"对话框，双击鼠标右键退出，完成了平动电机的设置，图 6-32 所示为设置后的平动电机。

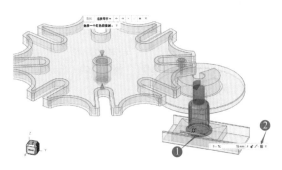

图 6-30　设置平动电机（2）

（8）创建扭力弹簧

① 在"运动"功能区，单击"弹簧"图标的"创建扭力弹簧"命令 🔧。使用"接触"工具在零件之间或零件组之间创建运动接触。

② 单击"铰接 1"，弹出"扭力弹簧参数设置"对话框，设置参数如图 6-33 所示。

③ 双击鼠标右键退出扭力弹簧的设置，如图 6-34 所示为设置后的扭力弹簧。

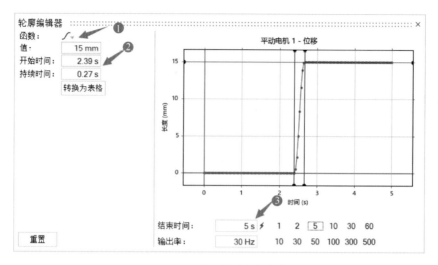

图 6-31　设置平动电机参数

图 6-32　平动电机

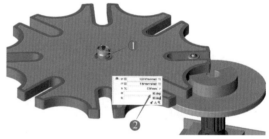

图 6-33　设置扭力弹簧

（9）创建运动接触

① 创建第一个运动接触。

a. 在"运动"功能区，单击"接触"图标 ，使用"接触"工具在零件之间或零件组之间创建运动接触。此时弹出运动设置框，如图 6-35 所示。

b. 在运动设置框中单击选择"零件 1"，然后单击选中零件"Geneva Wheel Partition 2"（❷），此时该零件显示为红色，如图 6-36 所示。

图 6-34　设置后的扭力弹簧

≡	按零件 ∨	■ 零件1 (0)	■ 零件2 (0)	←	→	▶	✓	⏮	✕

图 6-35　运动接触设置

c. 在运动设置框中单击选择"零件 2"，然后单击选中零件"Striker"（❷），此时该零件显示为蓝色，接着单击"创建接触"，完成了零件"Geneva Wheel Partition 2"和"Striker"

之间的运动接触，如图 6-37 所示。

② 创建第二个运动接触。

a. 在"运动"功能区，单击"接触"图标 ，使用"接触"工具在零件之间或零件组之间创建运动接触。此时弹出运动设置框。

b. 在运动设置框中选择"零件1"，单击选中零件"Geneva Wheel Partition 2"，此时该零件显示为红色。

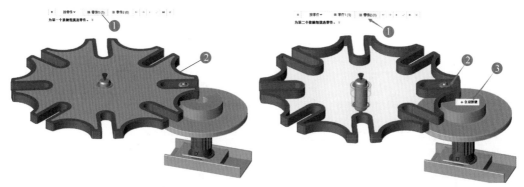

图 6-36　设置运动接触　　　　　　　　　　　　图 6-37　创建接触设置（1）

c. 在运动设置框中单击选择"零件2"，然后单击选中零件"Cam"（❷），此时该零件显示为蓝色，接着单击"创建接触"，完成了零件"Geneva Wheel Partition 2"和"Cam"之间的运动接触，如图 6-38 所示。

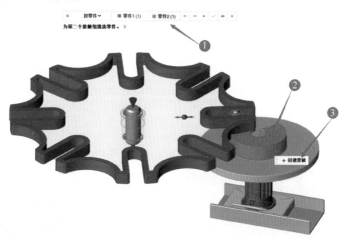

图 6-38　创建接触设置（2）

（10）设置重力

① 单击"运动"功能区，从"力"图标组中选中"重力"图标 。默认重力沿 Z 的负方向，如图 6-39 所示。

② 单击鼠标右键并通过复选标记退出，或双击鼠标右键。

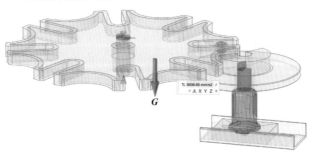

图 6-39　设置重力大小和方向

（11）运行运动分析查看机构运行状态

① 在"运动"功能区，单击"分析运动"图标上的"快速运行"图标，查看运动中的模型，并让模型运行完成，如图6-40所示。

② 分析结束后，单击"动画"工具栏上的 ▶ 按钮，即可回放运动结果。

（12）运行运动设置并查看结果

① 在"运动"功能区，单击"分析运动"图标上的"运行运动"图标，弹出"运行运动分析"对话框，如图6-41所示。

图6-40　快速运行　　　　　　　　　　　图6-41　运行运动分析

② 单击"运行"，完成运动设置和计算后，关闭"运行运动分析"对话框。

③ 单击"运动"工具栏中的"记录"命令 ◉ 可对该运动过程自动录制。存放位置为：C:\Users\ 电脑名字 \ 文档 \Altair\captures。

④ 用鼠标单击"转动电机"，可查看电机运行结果参数，默认为"要求扭矩"，如图6-42所示。

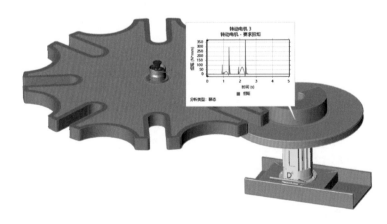

图6-42　电机运行结果参数查看

⑤ 单击"运动"工具栏中的"图表管理器"命令 ∿ ，将结果参数以图表形式显示，如图6-43所示。

⑥ 单击鼠标右键并通过复选标记退出，或双击鼠标右键。

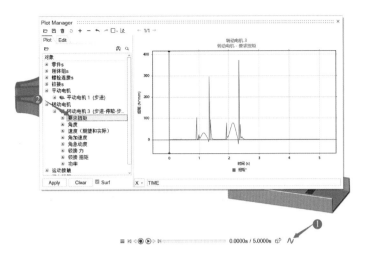

图 6-43　图表管理器

（13）使用"力浏览器"查看运动分析结果

① 单击"运动"功能区中的"运行"，然后单击"力浏览器" ，此时会弹出"力浏览器"对话框，如图 6-44 所示。

② 在"动画"工具栏中，单击"播放"命令 ，此时机构开始运动，并显示力和扭矩，如图 6-45 所示。

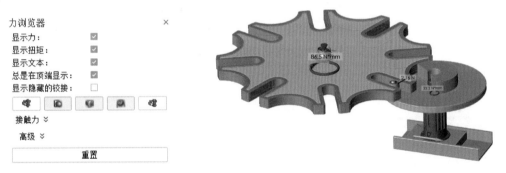

图 6-44　"力浏览器"对话框　　　　　　　　图 6-45　播放力运动

③ 在"动画"工具栏中输入"2.0000s"，即显示2s时接触位置的受力状态，如图6-46所示。

图 6-46　显示 2s 时接触位置的受力状态

（14）保存模型和运动结果

选择"文件"→"另存为"，将该模型另存为"槽轮机构结果 .stmod"。

6.2 案例：曲柄摇杆结构的运动仿真与支架优化 ▶▶▶

6.2.1 运动仿真与优化的基本步骤

运动仿真与优化的基本步骤如图 6-47 所示。

曲柄摇杆
结构模型

几何准备　定义材料　设置地面　设置运动副　设置动力部分　运动分析　零件仿真　零件优化

运动分析　　　　　　　　　　　仿真与优化分析

图 6-47　运动仿真与优化的基本步骤

6.2.2　模型说明

已知曲柄摇杆结构模型（图 6-48），模型部件根据实际的受载情况进行适当的简化调整，Y 形支架部件的孔为安装孔，使用约束和力来表征安装孔的固定和受力情况。

零部件材料及载荷条件：

① 材料：AISI 304。

② 约束：如图 6-49 所示，对轴施加完全约束。

③ 载荷：主动件为飞轮，在飞轮中心轴设置转动电机，转动电机参数如图 6-49 所示。

④ 优化对象：图 6-48 所示的支架。

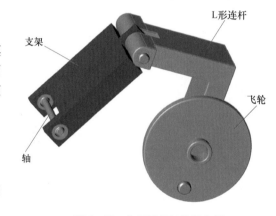

图 6-48　曲柄摇杆结构示意图

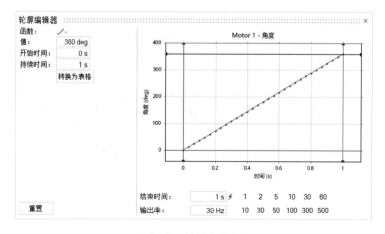

图 6-49　转动电机参数

122

6.2.3 操作演示

（1）打开曲柄摇杆机构模型

① 打开 Altair Inspire 软件，按 F2、F3 键分别打开"模型浏览器"和"属性编辑器"，按 F7 键打开"演示浏览器"。

② 单击"演示浏览器"，"演示浏览器"中包含了 Altair Inspire 软件自带的指导模型库，为"Motion""Print3D"和"Structures"，分别指的是运动仿真、3D 打印工艺仿真和结构优化三个模块的模型库（图 6-50）。

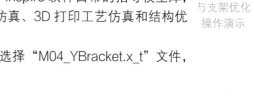

曲柄摇杆结构运动仿真与支架优化操作演示

③ 在"演示浏览器"窗口中，单击"Motion"文件夹，选择"M04_YBracket.x_t"文件，双击打开曲柄摇杆机构原始模型，如图 6-51 所示。

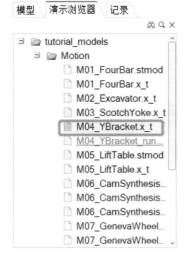

图 6-50　演示浏览器

图 6-51　曲柄摇杆机构原始模型

（2）设置地平面

① 在"运动"功能区，从"连接"图标组中选中"地平面"图标。选中轴零件，此时该零件变为红色，如图 6-52 所示。

② 单击鼠标右键并通过复选标记退出，或双击鼠标右键，完成地平面设置，此时在"模型浏览器"中的 Shaft 前方图标变为（地平面），如图 6-53 所示。

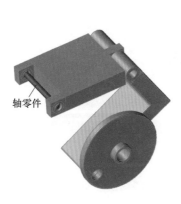

图 6-52　设置地平面

图 6-53　地平面图标

（3）创建刚体组

① 创建"Mounts"刚体组。

a. 在"运动"功能区，从"连接"图标组中选中"刚体组"图标 🐾 。在"模型浏览器"中选中 Mounts 装配（即 Ball1、Ball2 和 Shaft 三个零件）。此时，Mounts 装配会在模型视窗中变为红色，如图 6-54 所示。

b. 单击对话框中的"创建"，将所选的 Mounts 装配（即 Ball1、Ball2 和 Shaft）的三个零件创建为一个刚体组。

c. 单击鼠标右键并通过复选标记退出，或双击鼠标右键。

② 创建"Y-Bracket"刚体组。

a. 在"运动"功能区，从"连接"图标组中选中"刚体组"图标 🐾 。在"模型浏览器"中选中 Y-Bracket 装配（即 Bracket 和 Boss 两个零件）。此时，Y-Bracket 装配会在模型视窗中变为红色，如图 6-55 所示。

图 6-54　创建刚体组（1）　　　　　　图 6-55　创建刚体组（2）

b. 单击对话框中的"创建"，将所选的 Y-Bracket 装配（即 Bracket 和 Boss）的两个零件创建为一个刚体组。

c. 单击鼠标右键并通过复选标记退出，或双击鼠标右键。

（4）创建铰接连接零件

a. 在"运动"功能区，从"连接"图标组中选中"铰接"图标 🛠 。此时将自动检测需要铰接的位置，并以红色显示，如图 6-56 所示。

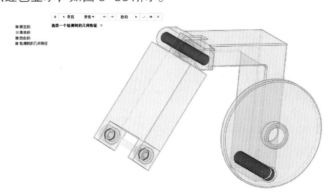

图 6-56　设置铰接

b. 在"铰接"对话框中，单击" ✓ "确认，完成默认设置（"所有""自动"）的连接设置，如图 6-57 所示。

图 6-57 "铰接"对话框

图 6-58 铰接设置显示

c. 此时，在"模型浏览器"中会出现新设定的 4 个铰接，如图 6-58 所示。

d. 在"运动"功能区，从"连接"图标组中选中"打开铰接表"图标 ，弹出"铰接"列表，如图 6-59 所示，其中两个为模型活动零件之间的铰接，另外两个是将 Y-Bracket 连接至地平面的圆柱铰接。

（5）设置转动电机

① 创建转动电机。

a. 在"运动"功能区，从"力"图标组中选中"转动电机"图标 。

b. 旋转模型查看 Flywheel 零件（图 6-60）。鼠标第一次单击 Flywheel 轴毂上的孔，所选的孔即变为红色。

c. 鼠标再次单击该孔，为转动电机创建基座（图 6-61），以对抗地平面。

图 6-59 "铰接"列表

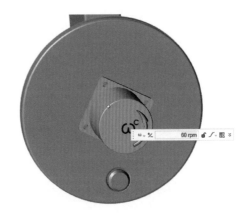

图 6-60 选择转动电机连接轴   图 6-61 选择转动电机基座

d. 在弹出的电机设置框中默认设置转动电机类型为角速度大小为 60rpm（60r/min）的步进电机。

② 修改转动电机参数。

a.在小对话框中，将转动电机类型从"角速度"更改为"角度"，将大小更改为 360deg（360°），将"轮廓函数"由"步进"改为"坡道"，结果如图 6-62 所示。

"轮廓编辑器"按钮

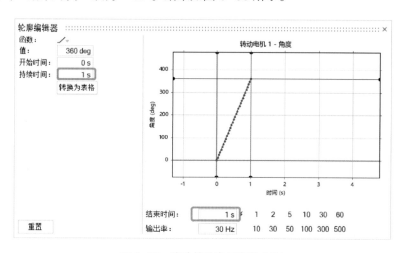

图 6-62　修改转动电机参数（1）

b.在小对话框中，单击"轮廓编辑器"按钮，弹出"轮廓编辑器"对话框，将"持续时间"更改为"1s"，"结束时间"改为"1s"。结果如图 6-63 所示。

图 6-63　修改转动电机参数（2）

c.关闭"轮廓编辑器"对话框。

（6）设置重力

a.在"运动"功能区，从"力"图标组中选中"重力"图标。默认重力方向为 Z 轴的负方向，如图 6-64 所示。

b.单击小对话框中的"移动"图标。单击并拖动旋转器，或在小对话框中输入 −65deg，如图 6-65 所示。

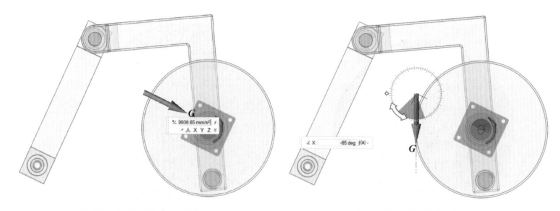

图 6-64　默认重力大小和方向　　　　图 6-65　设置重力方向

c.单击鼠标右键并通过复选标记退出，或双击鼠标右键。

（7）分析运动

① 运行运动分析，查看机构运行状态。

a.在"运动"功能区，从"运行"图标组中选择单击"分析运动"图标上的"快速运行"图标，以查看运动中的模型。此时，模型将进行一次周期的运动。

b.双击右键或单击查看运动结果的工具，退出复查模式。

② 将分析类型更改为"静力学"并重新运行分析。

a.将鼠标光标悬停在"分析运动"图标上，然后单击"运行设置"图标打开"运行运动分析"窗口。

运动分析包括瞬态分析、静力学分析或两者皆有。

瞬态分析用于将动态效果包含于依赖时间的运动仿真中。勾选"平衡时开始"，即从平衡时开始进行瞬态分析。

静力学分析用于决定机构的静力平衡位置。这种分析类型要忽略所有速度和阻尼项。这有助于分析载荷，而无须将动态效果包含在内。

b.在弹出的"运行运动分析"对话框中，将"结束时间"更改为"1s"，然后选择"静力学"选项，如图 6-66 所示。

c.单击"运行"执行试运行，此时，模型将进行一次周期的运动。

d.单击"关闭"以关闭"运行运动分析"窗口。

图 6-66 "运行运动分析"对话框

（8）查看运动分析结果

① 在上一步中单击"运行"后，在软件模型视图中将会出现结果查看进度条。在对应字段中输入数值或拖动进动条，将"动画"工具栏中的时间更改为 0.70s，如图 6-67 所示。

≡ ⊮ ◁ ◉ ▶ ▷ ▷⊩ ━━━━━━━━━ 0.70s / 1.00s

图 6-67 结果查看进度条

② 在"模型浏览器"中选定"铰接 3"，绘制"铰接 - 力"曲线，如图 6-68 所示。

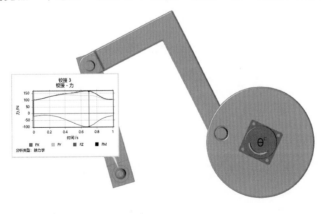

图 6-68 "铰接 3"的运动结果查看

③ 右击此图表，并选择"扭矩"，查看扭矩变化，如图 6-69 所示。

④ 单击空白区域退出图表。

⑤ 单击右键并通过复选标记退出，或双击鼠标右键。

（9）分析支架零件力学性能

① 在"运动"功能区，从"运行"图标组中选择单击"分析零件"图标上的"运行分析"图标，以分析支架的力学性能。

② 鼠标单击支架零件，此时支架零件颜色变为红色，并弹出"运行零件分析"对话框，如图 6-70 所示。

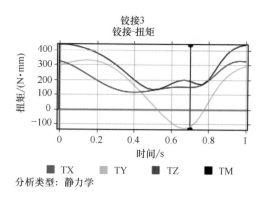

图 6-69 "铰接 3"的扭矩运动结果查看

图 6-70 运行分析设置

③ 单击"运行"，弹出"运行状态"栏，进行零件性能分析计算，如图 6-71 所示。

图 6-71 运行状态

④ 分析完成后，"分析"图标上将显示绿色旗帜，"运行状态"栏中的"状态"为 ，如图 6-72 所示为运行结束提示。

图 6-72 运行结束提示

⑤ 双击"运行状态"栏中的名称"Bracket（2）"，进入结果查看，或者单击"Bracket（2）"后单击"现在查看"，弹出"分析浏览器"，查看力学性能仿真设计结果，如图 6-73 所示。

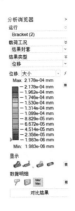

图 6-73　结果查看

⑥ 鼠标右击划过勾选标记以退出，或双击鼠标右键。

（10）优化支架零件

① 定义设计空间。右击 Bracket 零件打开右键菜单，然后选择"设计空间"，支架颜色将变为咖啡色，如图 6-74 所示。

② 设置形状控制。

a. 单击功能区的"结构仿真"选项卡，然后单击"形状控制" 图标中的"施加对称控制"图标，选中二级功能区中的"对称的"图标 。

b. 鼠标单击 Bracket（支架）零件"设计空间"，此时出现默认的两个对称平面，如图 6-75 所示。

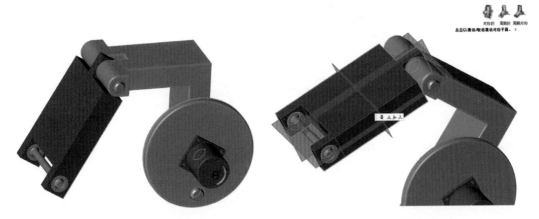

图 6-74　设置设计空间　　　　图 6-75　默认对称面

c. 鼠标单击"禁用与全局 *XZ* 平面对齐的对称平面"，该平面即变成透明状态，最终零件保留两个对称面，如图 6-76 所示。

d. 单击鼠标右键并通过复选标记退出，或双击鼠标右键。

e. 从"形状控制"图标 中选择"施加拔模方向"图标，选中二级功能区中的"双向拔模"图标 。

f. 鼠标单击选中 Bracket 设计空间，此时即显示双向拔模方向，如图 6-77 所示。

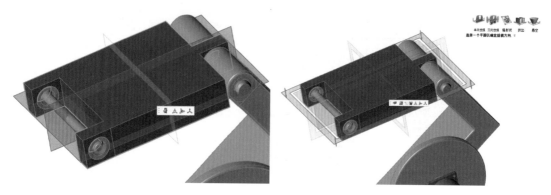

图 6-76　设置对称平面　　　　　　　　　　　　图 6-77　双向拔模方向设置

g. 单击右键并通过复选标记退出，或双击鼠标右键。

③ 运行优化。优化零件前，先运行一次静力学分析，见步骤（7）（注意：优化支持瞬态分析，但在本案例中将忽略动态效果，并仅使用静力学求解）。

a. 在"运动"功能区，从"运行"图标组中单击"优化零件"图标上的"运行零件优化"图标 。此时 Bracket 会被自动选中，因为其是唯一可优化的设计空间，如图 6-78 所示。

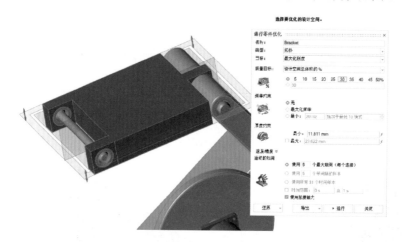

图 6-78　运行零件优化

b. 将最小厚度约束设置为"20mm"，单击"运行"执行零件优化。优化完成时，会有一个 标记出现在"运行状态"框中，如图 6-79 所示。

图 6-79　运行结束状态

c. 双击"运行状态"栏中的名称"Bracket 最大刚度 质量 30%（3）"，进入结果查看，或者单击"Bracket 最大刚度 质量 30%（3）"后单击"现在查看"。此时会显示优化后的形状，如图 6-80 所示。

d. 通过拖动"拓扑"滑块，进行优化后的结构的形状结构探索，并单击"形状浏览器"中的"分析"，进行概念性模型的力学性能分析，初步确认模型是否满足设计要求。

e. 单击右键并通过复选标记退出，或双击鼠标右键。

④ 几何重构。单击"形状浏览器"中的"拟合 PolyNURBS"，进行拟合 PolyNURBS 几何重构，如图 6-81 所示为几何重构后的模型。

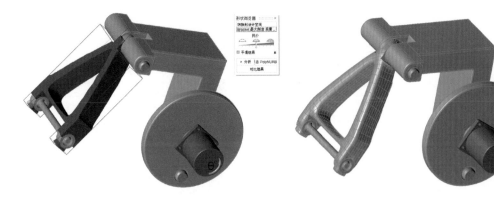

图 6-80 优化概念新设计结构　　　　　图 6-81 几何重构后的模型

（11）机构运动校核

① 选择"视图"下拉菜单，单击"模型配置"命令，接着在"模型浏览器"中取消勾选原始模型"Bracket"，即原始支架模型不参与计算，如图 6-82 所示。

② 单击右键并通过复选标记退出，或双击鼠标右键。

③ 在"运动"功能区，从"连接"图标组中选中"刚体组"图标。在"模型浏览器"中选中 Y-Bracket 装配的两个零件，此时零件在模型视窗中变为红色，如图 6-83 所示。

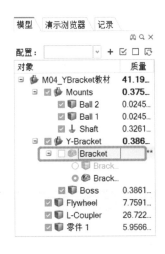

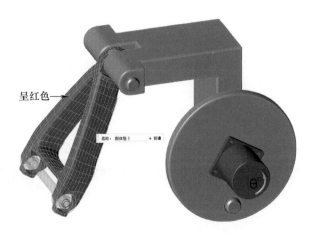

图 6-82 模型配置　　　　　图 6-83 创建刚体组

④ 单击对话框中的"创建"，将所选的 Y-Bracket 装配的两个零件创建为"刚体组 3"。

⑤ 单击右键并通过复选标记退出，或双击鼠标右键。

⑥ 在"运动"功能区，从"运行"图标组中单击"分析运动"图标上的"快速运行"图标 ，以查看运动中的模型。此时，模型将进行一次周期的运动。

⑦ 双击右键或单击"查看运动的结果"工具，退出运动校核模式。

6.3　运动仿真与优化模块基本命令 ▶▶

运动仿真与优化功能区主要包括"连接"工作区（图标组）、"力"工作区和"运行"工作区（本节未介绍），如图 6-84 所示。

图 6-84　运动仿真与优化功能区

6.3.1　"连接"工作区

"连接"工作区包括"地平面""刚体组""铰接""关联副"，如图 6-85 所示。

（1）地平面

在机械设计中，地平面又称为机架，顾名思义，是自由度为 0 的零件。

使用"地平面"工具可将零件定义为接地零件，因而不能移动。

图 6-85　"连接"工作区

（2）刚体组

使用"刚体组"工具可以定义哪些零件可以编组，哪些零件被视为一个刚体。

刚体（Rigid Body）是指在运动中和受到力的作用后，形状和大小不变，而且内部各点的相对位置不变的物体。绝对刚体实际上是不存在的，只是一种理想模型，因为任何物体在受力作用后，都或多或少地变形，如果变形的程度相对于物体本身几何尺寸来说极为微小，在研究物体运动时变形就可以忽略不计。把许多固体视为刚体，所得到的结果在工程上一般已有足够的准确度。

若物体本身的变化不影响整个运动过程，为使被研究的问题简化，可将该物体当作刚体来处理，而忽略物体的体积和形状，这样所得结果仍与实际情况相符合。

（3）铰接

见 3.3.1 节（2）。

每个铰接的状态可设置为：锁定的、激活的或自由的，如表 6-1 所示。

表 6-1　铰接的状态

选项	描述
锁定的	防止铰接处发生移动，可用于调试和假设场景
激活的	可使铰接正常工作
自由的	整个机构会像没有铰接一样运动

在运动仿真中，需要考虑通过运动副连接的两个零件和运动副之间的摩擦，因此，可以先

启动铰接摩擦。

使用"属性编辑器"可以将摩擦效应产生的力包含在刚性铰接的运动分析中。

可以指定摩擦系数（静态和动态）并包含其他模型参数，这些参数允许模拟摩擦阻力和静摩擦效应。

铰接摩擦仅可针对铰接类型为铰接、滑动铰接、合页、圆柱、球和球承窝以及平移的刚性铰接启用。

6.3.2 "力"工作区

"力"工作区如图 6-86 所示。

转动电机　平动电机　弹簧　接触　速度 IC　重力

力

图 6-86 "力"工作区

（1）转动电机

使用"转动电机"工具可以向孔、曲面或铰接添加转动电机。

转动电机以转动方式驱动零件，并可通过角度、角速度、加速度或扭矩来定义。这样可以方便地向模型施加依赖时间的扭矩。

位置："运动"功能区，"力"图标组 。

将光标移动到"转动电机"图标上，单击出现的"卫星" 图标，即可查看模型中所有转动电机的列表。

① 添加 / 编辑转动电机的操作步骤如下：

转动电机通过轴和基座来定义。第一次单击定义轴的位置，第二次单击定义基座的位置。

a. 选择"转动电机"图标 。

b. 选择一个孔、曲面或铰接。

·如果选择孔和曲面，第一次单击定义轴的位置，第二次单击定义基座的位置（可以选择同一个孔或曲面两次，这种情况下，第二次单击会被视为对地平面起反作用）。

·如果选择铰接，单击则将铰接替换为转动电机。

c. 使用小对话框上的下拉菜单（θ、ω、α、T）更改转动电机的类型。选项包括角度、角速度、加速度和扭矩。

d. 使用"+/−"按钮反转转动电机的旋转方向。

e. 在文本栏中输入旋转角速度、角度、加速度或扭矩的大小。使用默认控制器时，将其视为目标速度或角度。

f. 单击右键并通过复选标记退出，或双击鼠标右键。

提示：右键菜单中提供了一个隐藏所有转动电机的选项。在某些模型中，隐藏所有转动电机能够改进动画效果。

只有当铰接连接两个零件或穿过单一零件时才能选择铰接，穿过单一零件时，转动电机会被连接至该零件和地平面间。

如果铰接连接了两个以上的零件，则不能创建转动电机。

转动电机上的箭头指示的是电机轴相对于基座零件移动时的方向。如果该箭头在运动动画回放过程中固定不动，那肯定是基座零件在旋转。

如果打算牢牢锁定一个电机"类型"为"速度"的转动电机，则必须禁用该控制器。若非如此，则需要调整PID（比例积分微分）增益，以防止（或最大限度地减少）运动。

抑制／解除抑制转动电机，以了解它对模型的影响。在转动电机上，右击并选择"抑制"。在"模型浏览器"或表格中，右击并选择"解除抑制"。

图6-87 转动电机小对话框

② 小对话框选项。使用小对话框（图6-87）选项编辑转动电机的运行状态和显示。单击 ⌄ 查看高级选项。

a. 类型：使用小对话框上的下拉菜单（θ、ω、α、T）更改转动电机的类型，选项包括角度、角速度、加速度和扭矩。

b. 反转方向：使用"＋/−"按钮反转转动电机的旋转方向。

c. 设置角速度／角度／加速度／扭矩：在文本栏中输入旋转角速度、角度、加速度或扭矩的大小。使用默认控制器时，将其视为目标角速度或角度。

提示：如果输入的大小为零，转动电机则被锁定，小对话框和"轮廓编辑器"中的大多数选项不可编辑。

d. 锁定转动电机：锁定转动电机，防止其旋转。这在调试时非常有用。

e. 轮廓函数：使用轮廓函数来更改随着时间推移轴旋转的方式，如步进、单波或振荡。

f. 编辑轮廓函数：打开"轮廓编辑器"，编辑轮廓数据并在交互式图表中查看（图6-88）。

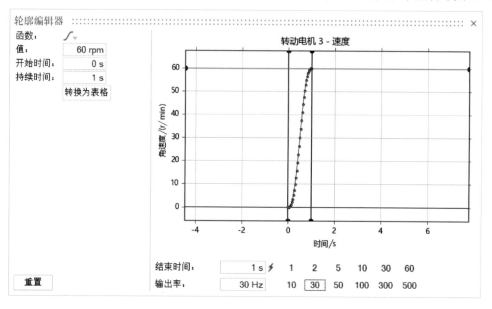

图6-88 轮廓编辑器

"轮廓编辑器"主要用来设置电机的转动参数。

• 函数：步进、步进－停歇－步进、单波、振荡、正弦扫频、冲量、坡道、求解器、表格（图6-89）。

• 值：电机参数，如转速、加速度等。

• 输出率：计算过程中的计算频率，比如30Hz指的是每1s计算30个点，在后期中每隔0.03333s均会得到数据点，数据点连接成线后形成曲线。

g. 使用控制器：使用控制器实现目标角速度或角度。如果禁用控制器，则直接使用目标轮廓，这会导致过度变形或出现其他警告。

h. 基本形状：使用"基本形状"选项更改转动电机的显示。使用"属性编辑器"中的"轴半径"属性调整整体尺寸。

i. 移动转动电机：单击打开"移动"工具，可重新定位转动电机。

j. 对齐至面的法线方向：单击对齐转动电机，使其垂直于施加该转动电机的面。

③ 转动电机属性。使用"属性编辑器"中可用的属性优化转动电机的运行状态和显示。

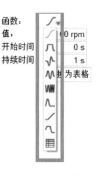

图 6-89　函数设置

a. 中心轴约束：用其限制转动电机的轴，这样相对于转动电机基座（或地平面零件，如果未定义第二个零件），轴就不会发生移动。选项是"圆柱"和"旋转"。默认情况下，连接至孔的转动电机启用该属性，连接至曲面的转动电机禁用该属性。禁用该属性可能会导致零件意外移动、出现警告或错误。

b. 机座规模：用于更改转动电机的轴和基座的显示。"机座规模"属性允许更改转动电机的大小，请输入一个介于 0.5 和 2.0 之间的值。

c. 轴半径：用于调整轴的整体尺寸。如果转动电机施加于孔，则不能使用该属性。

（2）平动电机

使用"平动电机"工具向几何特征或连接零件添加平动电机。

平动电机可以以平移方式驱动零件，并可以通过位移、速度、加速度或力来定义。这样可以方便地向模型施加依赖时间的力。

位置："运动"功能区，"力"图标组 。

将光标移动到"平动电机"图标上，单击出现的"卫星" 图标，即可查看模型中所有平动电机的列表。

① 为连接零件添加平动电机的操作步骤如下：

在应用平动电机前，最好使用铰接将零件连接在一起。"操作"栏上的"连接零件"选项可用于扫描模型中的圆柱形铰接或平移铰接。

a. 选择"平动电机"图标。

b. 选择"操作"栏上的"连接零件"，可以驱动的零件副或滑动铰接连接显示为红色。

提示：如果没有出现红色区域，则说明没有铰接或铰接被锁定。此时可尝试使用"操作"栏上的"几何特征"选项。

c. 单击红色区域的任意位置，创建平动电机。

d. 使用小对话框中的下拉菜单（D、V、A、F）来更改平动电机的类型。选项包括位移、速度、加速度和力。

e. 使用"+/−"按钮反转平动电机的平移方向。

f. 在文本栏中输入位移、速度、加速度或力的大小。单击 图标以计算默认位移。

g. 单击右键并通过复选标记退出，或双击鼠标右键。

② 为几何特征添加平动电机的操作步骤如下：

平动电机由轴和基座进行定义。第一次单击定义轴的位置，第二次单击定义基座的位置。

a. 选择"平动电机"图标。

b. 选择"操作"栏上的"几何特征"。

c. 选择一个孔、曲面或滑动铰接。

• 如果选择孔和曲面，第一次单击定义轴的位置，第二次单击则定义基座的位置。

• 如果选择滑动铰接，单击一次即可将铰接替换为平动电机。

d. 使用小对话框中的下拉菜单（D、V、A、F）来更改平动电机的类型。选项包括位移、速度、加速度和力。

e. 使用"+/−"按钮反转平动电机的平移方向。

f. 输入位移、速度、加速度或力的大小。单击 ⚡ 图标以计算默认位移。

g. 单击右键并通过复选标记退出，或双击鼠标右键。

提示：右键菜单中提供了一个隐藏所有平动电机的选项。在某些模型中，隐藏所有平动电机能够改进动画效果。

可以选择同一孔或曲面两次，这种情况下，第二次单击会被视为对地平面起反作用。对于通过单一零件的滑动铰接，平动电机会将零件与地平面连接在一起。

通过"属性编辑器"中的"显示"属性，可以更改平动电机的轴和基座的显示。

如果打算牢牢锁定一个电机"类型"为"速度"的平动电机，则必须禁用该控制器。若非如此，则需要调整 PID 增益，以防止（或最大限度地减少）运动。

抑制/解除抑制平动电机，以了解它对模型的影响。在平动电机上，右击并选择"抑制"。在"模型浏览器"或表格中，右击并选择"解除抑制"。

③ 小对话框选项。使用小对话框选项（图6-90）编辑平动电机的运行状态和显示。点击 ⌄ 查看高级选项。

a. 类型：使用小对话框中的下拉菜单（D、V、A、F）来更改平动电机的类型。选项包括位移、速度、加速度和力。

b. 反转方向：使用"+/−"按钮反转平动电机的平移方向。

图6-90　平动电机小对话框

c. 设置位移/速度/加速度/力：输入位移、速度、加速度或力的大小。单击 ⚡ 图标以计算默认位移。

提示：如果输入的大小为零，平动电机则被锁定，小对话框和"轮廓编辑器"中的大多数选项不可编辑。

d. 锁定平动电机：锁定平动电机，以防止其平移。这在调试时非常有用。

e. 轮廓函数：使用轮廓函数更改轴在不同时间的平移方式，如步进、单波或振荡。

f. 编辑轮廓函数：打开"轮廓编辑器"，编辑轮廓数据并在交互式图表中查看。

g. 使用控制器：使用控制器来达到目标位移或速度。如果禁用控制器，则直接使用目标轮廓，这会导致过度变形或出现其他警告。

h. 移动平动电机：单击打开"移动"工具，可重新定位平动电机。

i. 让轴对齐连接：单击对齐平动电机，使其垂直于施加了该平动电机的连接。

④ 平动电机属性。使用"属性编辑器"中可用的属性优化平动电机的运行状态和显示。

a. 与零件一起旋转：启用平动电机与轴零件一起旋转（或不旋转）。

b. 维持同轴度：启用该属性创建一个隐式铰接。同轴铰接有两个铰接选项：圆柱铰接和平移铰接。

c. 机座规模：用于更改转动电机的轴和基座的显示。"机座规模"属性允许更改平动电机的大小，请输入一个介于0.5和2.0之间的值。

d. 轴半径：用于调整轴的整体尺寸。如果平动电机施加于孔，则不能使用该属性。

（3）接触

使用"接触"工具在零件之间或零件组之间创建运动接触。

典型的使用案例包括闩（类似门闩）、凸轮和其他零件，这些零件具有永久性或间歇性接触行为，包括摩擦效应。

将光标移动到"接触"图标上，单击出现的"卫星" 图标，即可查看模型中所有运动接触的列表。

零件组用于简化接触的创建工作（表 6-2）。通常，需要逐一选择零件来定义接触，但可以使用不同的选择方法（例如按"材料"或按"刚体组"），使单击一次就能够快速选择不同的零件。

表 6-2　运动接触设置

示例 1：所有零件被放入红色组

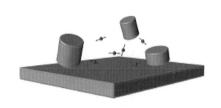

示例 2：在红色组中每个可能的零件组合之间创建接触

示例 3：零件被放入红色组和蓝色组

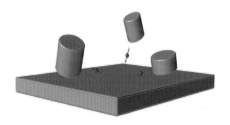

示例 4：在同组零件之间没有创建接触，但在不同组的零件之间创建了接触

思考题 ▶▶▶

1. 简述 Altair Inspire 运动仿真的作用及操作步骤。
2. 简述铰接的类型及含义。
3. 简述在"轮廓编辑器"中设置的电机参数及运行参数。
4. 简述创建运动接触的步骤。

任务训练 ▶▶▶

任务：工业机器人的运动仿真案例

来源：Altair Inspire 案例库

任务书：

如图 6-90 所示为典型的工业机器人结构，运动过程中的运动参数如表 6-3 所示。

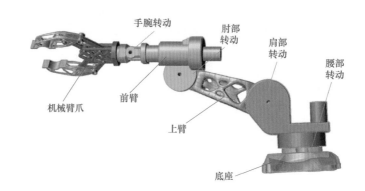

图 6-91　工业机器人的结构

表 6-3　各关节的运动参数

位置	转动角度	描述	
腰部转动	±45°	轮廓 函数 开始时间 步进开始持续时间 停歇时间 步进结束持续时间	步进－停歇－步进 0s 0.5s 1s 0.5s
肩部转动	±35°	轮廓 函数 开始时间 步进开始持续时间 停歇时间 步进结束持续时间	步进－停歇－步进 0.5s 0.5s 1s 0.5s
肘部转动	±45°	轮廓 函数 开始时间 步进开始持续时间 停歇时间 步进结束持续时间	步进－停歇－步进 0.8s 0.5s 1s 0.5s
手腕转动	±120°	轮廓 函数 开始时间 步进开始持续时间 停歇时间 步进结束持续时间	步进－停歇－步进 1.2s 1.01s 1s 1.3s
机械臂爪转动	±45°	轮廓 函数 开始时间 步进开始持续时间 停歇时间 步进结束持续时间	步进－停歇－步进 1.24s 0.5s 1s 0.5s

第7章

Altair Inspire 激光粉末床熔融工艺仿真工程案例

学习目标

知识目标

（1）掌握激光粉末床熔融工艺的基本概念；

（2）掌握 Print3D 的操作步骤；

（3）掌握激光工艺参数基本类型含义；

（4）掌握激光粉末床熔融工艺仿真的操作步骤。

技能目标

（1）能够完成激光粉末床熔融工艺仿真；

（2）能够通过打印接轨参数预测缺陷；

（3）能够完成零件支撑设置、位置摆放和工艺参数调整。

素养目标

（1）培养学生的实践能力和创新能力；

（2）培养学生科学严谨的治学态度和精益求精的工匠精神。

考核要求

完成本章学习内容，能够对零件进行激光粉末床熔融工艺仿真。

7.1 案例：航空支架的激光粉末床熔融工艺仿真 ▶▶▶

7.1.1 3D 打印工艺模块基本步骤

准备并运行增材制造仿真，然后导出要进行 3D 打印的文件。

① 打印零件：选择要打印和分配材料的零件。

② 打印机：配置 3D 打印舱室。可以选择一台默认打印机，或从几台标准打印机中进行选择。

③ 方向：将零件方向调整为相对打印基板的方向。可以根据曲面来定向零件，或定向零件已达到最大或最小构建高度。

④ 支撑：创建、指定和分割 3D 打印所需的支撑。

⑤ 切片：在 3D 打印前，检查每层的零件以验证其几何体。

⑥ 导出：导出包含准备好的零件和 / 或 3D 打印支撑的文件。

⑦ 分析：运行增材制造分析，然后查看并绘制结果。

3D 打印工艺模块基本步骤如图 7-1 所示。

航空支架激光粉末床熔融工艺仿真操作演示

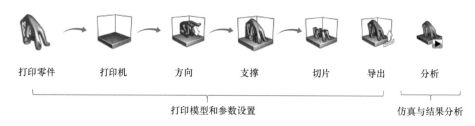

图 7-1　3D 打印工艺模块基本步骤

7.1.2　模型说明

已知航空支架模型如图 7-2 所示，采用激光粉末床熔融工艺打印。

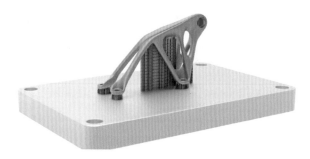

图 7-2　航空支架

航空支架材料选择 316L 不锈钢，粉末对近红外激光的吸收率为 60%，激光工艺参数如表 7-1 所示。

表 7-1　激光工艺参数

序号	工艺参数	数值	备注
1	激光功率 /W	200	
2	扫描速度 /（mm/s）	900	
3	层厚 /μm	30	
4	基板温度 /℃	25	

7.1.3　操作演示

（1）打开航空支架模型

① 打开 Altair Inspire 软件，按 F2、F3 键分别打开"模型浏览器"和"属性编辑器"，按

F7 键打开"演示浏览器"。

　　② 单击"演示浏览器","演示浏览器"中包含了 Altair Inspire 软件自带的指导模型库,即"Motion""Print3D"和"Structures",分别指的是运动仿真、3D 打印工艺仿真和结构优化三个模块的模型库(图 7-3)。

　　③ 在"演示浏览器"窗口中,单击"Print3D"文件夹,选择"aero_bracket.stmod"文件,双击打开航空支架原始模型,如图 7-4 所示。

图 7-3　"演示浏览器"窗口

图 7-4　航空支架原始模型

(2)更改单位系统

　　① 单击模型视窗右下角的单位系统选择器,将模型的显示单位调整为"MMKS (mm kg N s)",如图 7-5 所示。

　　② 单击"基础"工具栏的"测量"图标。

　　③ 鼠标选中航空支架模型,自动获得该零件的总体尺寸为 78.86mm×24.443mm×42.917mm,如图 7-6 所示。

图 7-5　更改模型显示单位

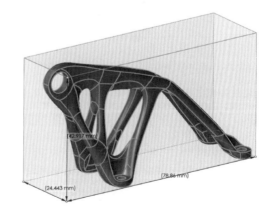

图 7-6　航空支架图形框尺寸

　　④ 单击右键并通过复选标记退出,或双击鼠标右键。

(3)选择要打印的零件

　　① 单击"Print3D"选项卡上的"打印零件"图标(图 7-7)。

② 在模型视窗中选择航空支架零件,将其指定为要打印的零件。此时弹出"材料设置"对话框,在下拉菜单中选择"Stainless Steel 316L"材料,将材料分配给打印零件,如图 7-8 所示。

打印零件

图 7-7 "打印零件"图标   图 7-8 零件分配材料

③ 单击小对话框中的"材料查看器" ，获得该材料的热、机械等性能,为后期工艺仿真结果分析提供支撑,如图 7-9 所示。

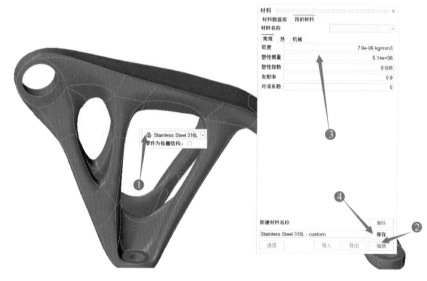

图 7-9 316L 材料属性

④ 在软件中也可以自定义材料性能,如图 7-10 所示,选择"编辑"命令,依次修改自定义材料的"常规""热"和"机械"性能,重命名后单击"保存"。

⑤ 关闭"材料"对话框。

(4)配置打印机

① 单击"打印机"图标来配置打印机(图 7-11)。

② 弹出"准备"对话框,在"打印机"下拉菜单中可选择默认、EOS、Renishaw、SLM solution,如图 7-12 所示。

a. 考虑到该航空支架总体尺寸为 78.86mm×24.443mm×42.917mm,"打印机"选择"默认",修改基板尺寸为 100mm×100mm,可打印高度为 100mm。

b. 根据打印机和材料特性,修改打印机参数如下:

·填充间距:0.17mm;

- 激光直径：0.07mm；
- 重涂时间：15s，如图 7-13 所示。

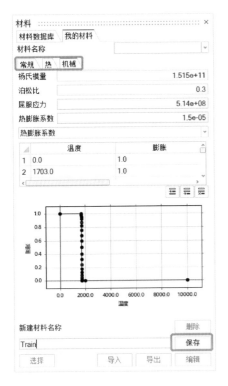

图 7-10　自定义材料

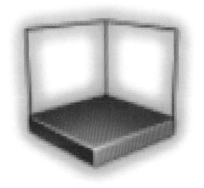

图 7-11　"打印机"图标

图 7-12　"准备"对话框

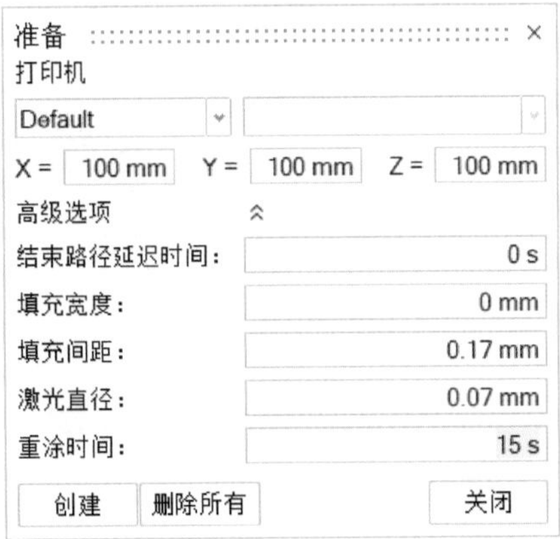

图 7-13　"准备"对话框高级选项

③ 单击"创建"按钮，零件出现在配置好的 3D 打印机基板上，如图 7-14 所示。

（5）零件定向

① 单击"方向"图标，设置零件在打印机基板上的摆放方向。

② 在模型视窗左上侧弹出子图标，如图 7-15 所示，Inspire 软件提供了 4 种自动零件定位方式，包括"最大构建高度""最小构建高度""曲面"和"优化方向"。

a. 最大构建高度：使构建高度最大化，从而进行高效打印和冷却。这种定位方法可避免零件因冷却而变形，确保零件根据设计和构建尺寸进行打印。

b. 最小构建高度：使构建高度最小化，从而实现最短打印时间。

c. 曲面：选择一个零件曲面。选择的曲面现在朝向打印机基板，其法线朝向重力方向（图7-16）。

d. 优化方向：根据三个不同的条件（打印时间、固定约束和/或变形）找到打印部件的最佳方向。可以为上面的每一个条件定义权重，以实现打印要求的最佳平衡，并使用平均色度图选择最佳方向。

③ 选择"曲面"图标，单击航空支架底部圆孔，零件自动定位，其法线朝向重力方向。该方向综合考虑了打印速度、支撑数目和零件表面质量的要求。

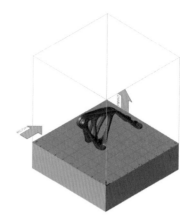

图7-14　零件放置在3D打印机基板上

最大构建高度　　最小构建高度　　曲面　　　　优化方向

图7-15　定向子图标

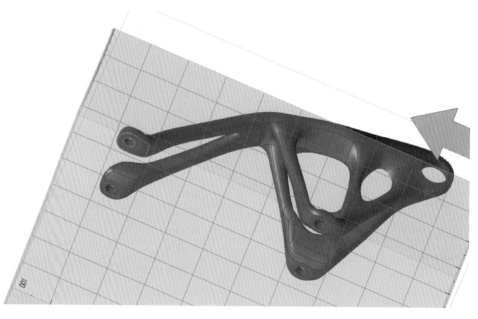

图7-16　曲面定向

④ 在小对话框（图7-17）中输入"距离"为3mm（底面与基板距离），自动定位如图7-18所示。

提示：依次单击"最大构建高度""最小构建高度""曲面"和"优化方向"图标，在弹出的小对话框中，将罗列各自的方向数据，包括支撑区域面积、支撑体积和打印时间，如图7-17所示。

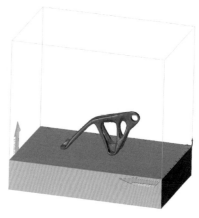

距离	3 mm	移动到内部 □ 保持收缩		
方向	支撑区域面积	支撑体积	打印时间	
Max Height	1380.0mm²	74000.0mm³	12439.98s	
Min Height	4836.0mm²	83000.0mm³	6633.19s	
Saved1 (SUP...	1311.0mm²	48000.0mm³	9943.71s	
Surface 1	561.0mm²	15000.0mm³	5498.87s	

当前方向值：
支撑区域面积：1311.0mm²；支撑体积：48000.0mm³；打印时间：9943.71s

图 7-17　小对话框

图 7-18　完成零件定位

⑤ 双击右键退出。

（6）设置支撑

① 设置悬垂角度。超过该角度的面将自动生成支撑。如图 7-19 所示，在"偏好设置"中，选中"Print3D""角度底切"，根据打印机性能和材料特性，改为"60"。具体悬垂角度的选择见 1.3.4 节。

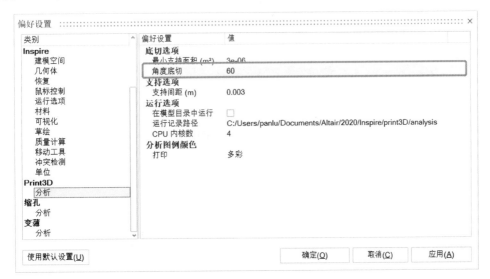

图 7-19　"角度底切"设置

② 设置支撑。单击"支撑"图标，此时，Inspire 会自动生成块支撑，如图 7-20 所示，黄色为支撑件。

③ 编辑修改支撑。需要注意的是，自动生成的支撑无法按其外观进行打印，必须对其进行编辑修改。

a. 按住 Ctrl 键，然后选择底部的 5 个支撑进行编辑，选中的支撑颜色为红色，如图 7-21 所示。

b. 如图 7-22 所示，单击图标以设置支撑为杆支撑，选择"形状"为圆形。选定的支撑将转换为圆形杆支撑，并可设置支撑尺寸参数，包括销间隔、销直径、到轮廓的距离、图案角度。

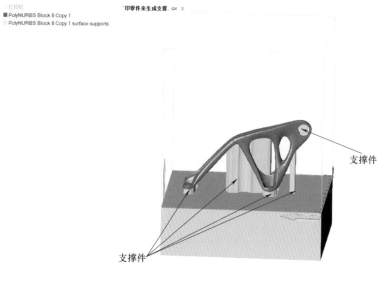

图 7-20　自动生成块支撑

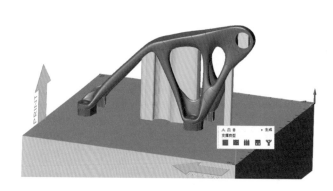

图 7-21　选中支撑编辑（1）

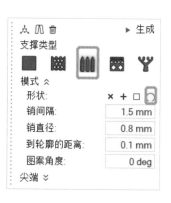

图 7-22　编辑支撑为杆支撑（2）

c. 单击"生成"，航空支架底部自动生成杆支撑，如图 7-23 所示。

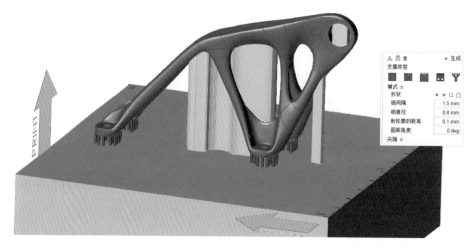

图 7-23　底部生成杆支撑

d. 按住 Ctrl 键，然后选择中间的两个支撑进行编辑，选中的支撑颜色变为红色，如图 7-24 所示。

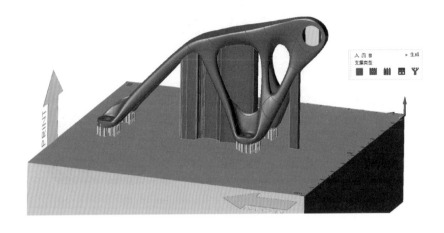

图 7-24　选中支撑编辑（2）

e. 如图 7-25 所示，单击██图标以设置支撑为块支撑，并可设置尺寸参数。

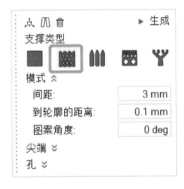

图 7-25　编辑支撑为块支撑

f. 单击"生成"，航空支架中部自动生成了块支撑，如图 7-26 所示。

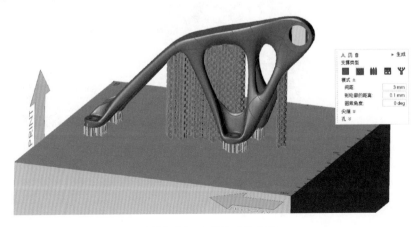

图 7-26　中部生成块支撑

g. 选择右侧圆孔中的 1 个支撑进行编辑，选中的支撑颜色变为红色，如图 7-27 所示。

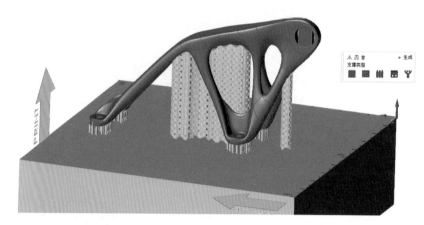

图 7-27　选中支撑编辑（3）

h. 如图 7-28 所示，单击小对话框中的 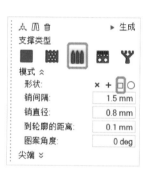 图标以设置支撑为杆支撑，选择形状为方形截面。选定的支撑将转换为方形杆支撑，并可设置支撑尺寸参数，包括销间距、销直径、到轮廓的距离、图案角度。

i. 单击"生成"，航空支架圆孔内部自动生成了杆支撑，如图 7-29 所示。

j. 双击右键退出。

（7）模型切片

① 单击"切片"图标，弹出"切片预览"对话框，从底部向顶部拖动滑块以查看打印层的进度，如图 7-30 所示。

图 7-28　编辑支撑为杆支撑（2）

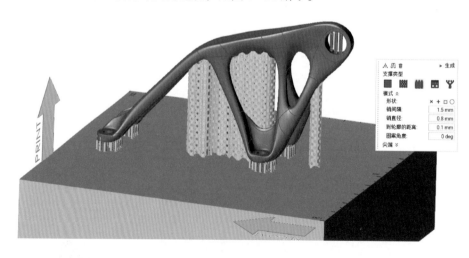

图 7-29　圆孔内部生成杆支撑

② 双击右键退出。

（8）导出模型

① 单击"导出"图标。

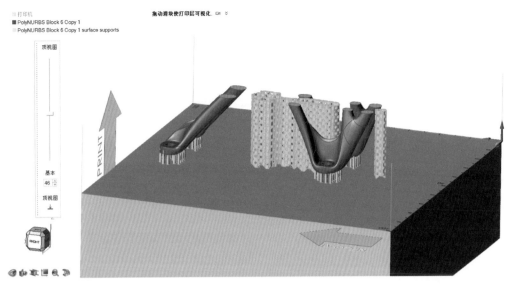

图 7-30 切片预览

② 设置导出参数。在弹出的"导出"对话框中，选择所需的"文件路径"和"文件扩展名"（图 7-31）。

③ 单击"导出"，零件和支撑以 .stl 格式导出。

（9）运行增材制造分析

① 运行打印分析设置。

a. 单击"运行"图标上的"分析"图标 🐾，弹出"运行打印分析"对话框。

b. 在"运行打印分析"对话框设置参数如下：将"分析类型"选择为热固耦合，"扫描策略"为层与层扫描，其他激光工艺参数如图 7-32 所示。

图 7-31 导出模型

图 7-32 运行打印分析设置

提示：进程参数决定了激光工艺参数，决定了打印过程的成形质量、缺陷甚至能否打印成功。Inspire 可根据材料库分配激光打印参数，也可根据实际打印机性能进行调整和测试。

② 开始运行。

a. 单击"运行打印分析"对话框的"运行"按钮开始运行分析，分析过程中"运行状态"对话框"阶段"栏依次出现"网格化→启动求解器→开始求解→检查数据→打印→冷却→切割→回弹→完成"（图7-33）。

图 7-33　运行计算

b. 运行计算过程中，可单击"现在查看"，查看目前运行的实际打印状态（图7-34）。

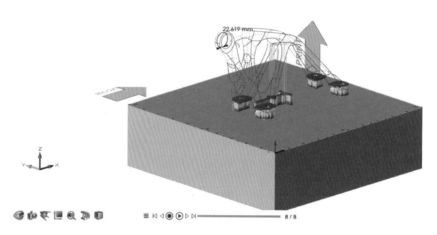

图 7-34　查看打印状态

c. 单击"运行"图标上的"分析"图标，回到"运行状态"对话框。分析完成后，"分析"图标上将显示绿色旗帜，"阶段"栏中的状态为"完成"（图7-35）。

图 7-35　运行完成

（10）查看分析结果

双击"运行状态"对话框中的名称"aero_bracket_run"，或者单击"分析"图标 🐢 上的"显示分析结果"图标，弹出"分析浏览器"，如图7-36所示。

① 位移（Displacement）。默认"位移"结果类型会显示在模型视窗中，最大位移区域显示为红色。

a. 在"分析浏览器"的"数据明细"中选择"Min/Max"，模型中将显示出位移最大和最小的数值和区域，最大位移为 0.599mm，如图 7-37 所示。

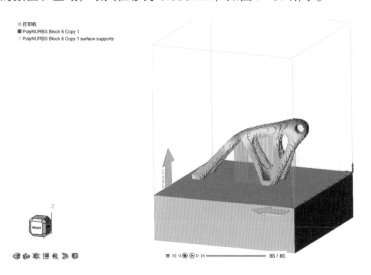

图 7-36　分析浏览器

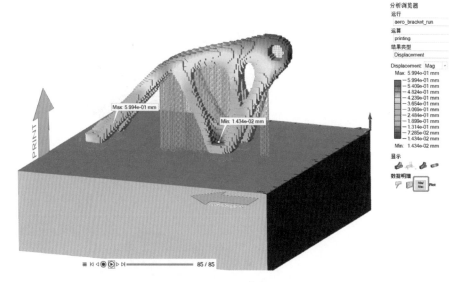

图 7-37　位移结果

b. 移动滑块，可显示指定位移量范围内的模型区域（图 7-38）。

c. 在"分析浏览器"的"数据明细"中选择"Plot"，此时用鼠标在模型上单击，将会自动弹出该位置在打印过程中的位移变化，如图 7-39 所示。

② 塑性应变。在"分析浏览器"的"结果类型"下拉菜单中选择"Plastic Strain"（塑性应变）。如图 7-40 所示，塑性应变最大值为 0.17，该区域零件屈服应变超过屈服极限，发生塑性变形。

③ 米塞斯等效应力。在"分析浏览器"的"结果类型"下拉菜单中选择"Von Mises Stress"（米塞斯等效应力）。如图 7-41 所示，米塞斯等效应力最大值为 329.3MPa，与塑性应变最大值位置一致。

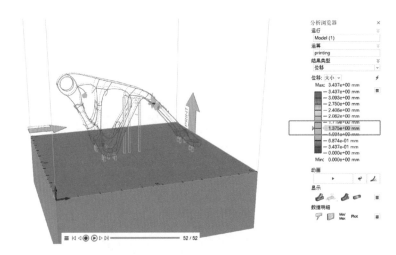

图 7-38　指定位移范围显示

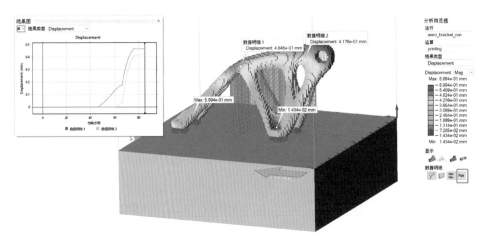

图 7-39　图形显示指定点位移变化趋势

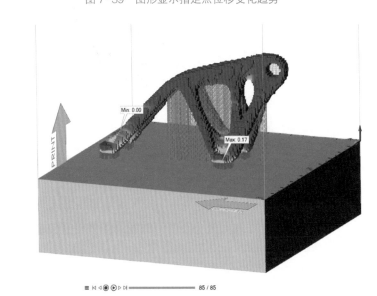

图 7-40　塑性应变结果

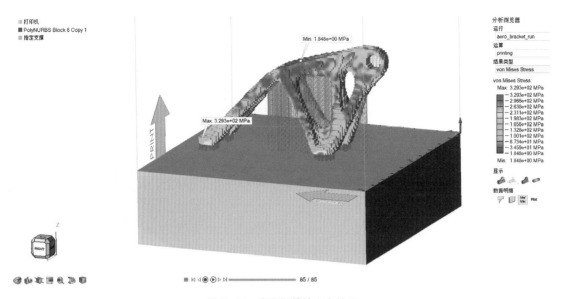

图 7-41　米塞斯等效应力结果

④ 节点温度。此结果类型显示特定节点上的实际温度。最高温度以红色显示，最低温度以蓝色显示。

在"分析浏览器"的"结果类型"中的下拉菜单选择"Nodal temperature"（节点温度），节点温度最高为 554.09K（图 7-42）。

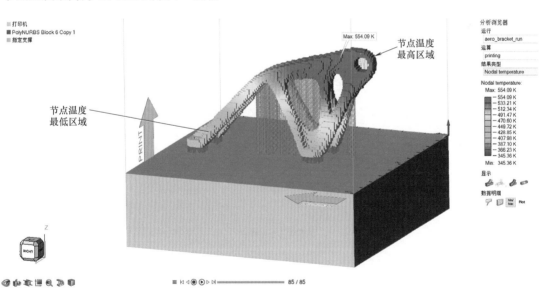

图 7-42　节点温度结果

⑤ 温度。此结果类型显示在完成打印过程之后，零件上哪些区域的温度最高（红色 / 橙色）以及哪些区域的温度最低（蓝色 / 绿色）。此温度为每个单元的平均温度，而非节点温度。

在"分析浏览器"的"结果类型"下拉菜单中选择"Temperature"（温度）（图 7-43）。

（11）导出动画及动画设置

① 查看动画。查看虚拟打印过程动画主要有两种方式：

a. 通过模型视图下方的"动画"工具栏查看，如图 7-44 所示。

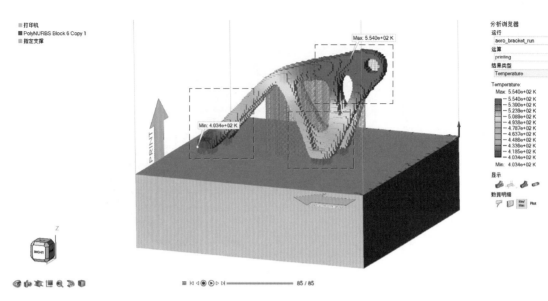

图 7-43　温度结果

图 7-44　动画工具栏

　　b. 单击"动画"工具栏上的 ▶ 按钮查看分析。单击 ‖ 按钮暂停动画。拖动"动画"工具栏的滑块，查看打印分析过程中的特定点。

　　② 录制动画。单击"动画"工具栏上的 ◉ 按钮开始记录运动结果。录制完成后，视频会自动保存至 C:\Users\ 电脑名字 \ 文档 \Altair\captures。软件会使用时间戳自动为视频文件命名。

　　③ 动画设置。

　　a. 单击 ≡ 图标更改动画设置（图 7-45）。

　　b. 单击右键并通过复选标记退出，或双击鼠标右键。

图 7-45　动画设置

7.2 Print3D 模块基本命令 ▶▶▶

Print3D 功能区主要包括"仿真设定"工作区（图标组）和"运行"工作区（图 7-46)。

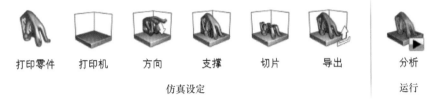

打印零件	打印机	方向	支撑	切片	导出	分析
		仿真设定				运行

图 7-46　Print3D 模块功能区

7.2.1 "仿真设定"功能区

（1）打印零件

用于选择要打印和分配材料的零件（图 7-47）。打印零件的操作步骤如下：

① 从 Inspire 中的优化零件开始，或打开要准备进行 3D 打印的零件。

② 在"Print3D"功能区中，单击"打印零件"图标 。

③ 在模型视窗中选择零件，准备进行 3D 打印。

④ 在小对话框中为零件设置材料（图 7-48 ）。

图 7-47　选择打印零件

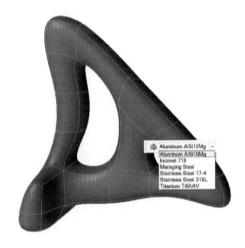

图 7-48　设置材料

（2）打印机

用于配设 3D 打印机。可以选择一台默认打印机或从几台标准打印机中进行选择。

配设打印机的操作步骤如下：

① 单击"打印机"图标 来配置打印机。

② 在弹出的"准备"小对话框中，设置打印机基板参数尺寸。

a. 从下拉菜单中选择打印机，或使用 X、Y 和 Z 尺寸自定义打印基板。如果尚不清楚使用哪台打印机，请选择"默认"选项（图 7-49 ）。

b. 单击 显示并定义其他高级选项（如果需要），高级选项如表 7-2 所示。

③ 单击"创建"。零件出现在配置好的 3D 打印机基板上（图 7-50 ）。

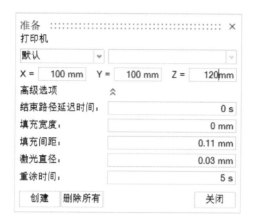

图 7-49 设置打印机

表 7-2 高级选项

名称	描述
结束路径延迟时间	确定双向激光在路径末端停顿多长时间；此延迟用于控制激光器的发热温度
填充宽度	使用"按填充"激光扫描策略运行分析时，请使用此参数定义填充区域的宽度
填充间距	双向扫描策略中两个连续激光路径之间的距离
激光直径	激光从其中心点到边缘的长度
重涂时间	使用刮板在基板上将粉末平铺为新的一层所需的时间

（3）方向

用于将零件方向调整为相对打印机基板的方向。可以根据曲面来定向零件，或定向零件达到最大或最小构建高度。

选择零件放置方向的原则：按照最大构建高度、最小构建高度、曲面和优化方向进行选择。

在"方向"表中输入距离，以配置零件和基板之间的距离。最小距离为 0.002m。

提示：默认零件悬垂角度小于 45° 的曲面需要支撑，这些区域显示为黄色。如果需要修改悬垂角度为 45°，需要在"偏好设置"中修改"角度底切"（图 7-51）。

如果需要按照自定义方位打印零件（图 7-52），则使用小对话框中的"移动"工具 旋转零件，自动更新零件方位，如图 7-53 所示。

如果旋转零件或创建新的方向，则当前方向值自动更新。选择"方向"表中的一列，即可还原该方向（图 7-53）。

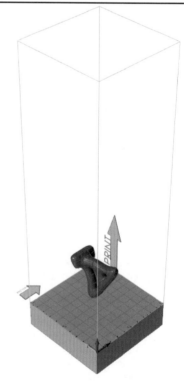

图 7-50 打印机创建完成

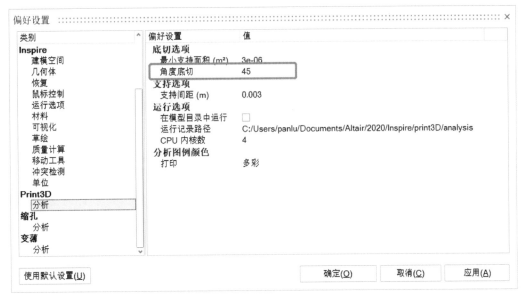

图 7-51　更改零件悬垂角度

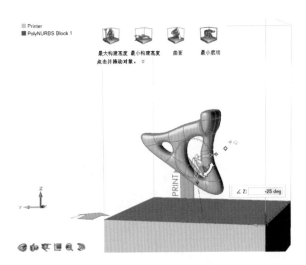

图 7-52　自定义零件位置

距离	5 mm	移动到内部 □ 保持收缩		
方向	支撑区域面积	支撑体积	打印时间:
Max Height	261.0mm²	11000.0mm³	6640.25s
Min Height	983.0mm²	19000.0mm³	4261.08s
Min Undercut1	259.0mm²	10000.0mm³	6333.65s
Surface 1	802.0mm²	25000.0mm³	7800.51s

当前方向值:

支撑区域面积:703.0 mm²;支撑体积:22000.0 mm³;打印时间:6798.88s

图 7-53　还原定位

移动到内部：如果零件有时延伸到了基板外，请在"方向"表上选择"移动到内部"选项

距离 5 mm ⚒ 🖼 移动到内部 □ 保持收缩，以将零件放置到打印机内。

保持收缩：默认情况下，当"方向"工具处于活动状态时，底切仅显示为黄色。启用"方向"表上的"保持收缩"选项可使底切在使用其他工具时可见。当在修改几何体并想查看底切会如何随之变化时，启用该选项很有用（也就是在转动或者移动模型时，黄色底切将随着变化）。

（4）支撑

"支撑"图标为多功能图标，主要包括为要打印的零件创建支撑图标和将零件指定为支撑图标。功能为创建、指定和分割3D打印所需的支撑。

3D打印零件时，零件上悬垂角度小于45°的曲面（可自定义）需要在打印过程中添加支撑材料。当"方向"或"支撑"图标被选中后，这些区域会以黄色高亮显示。

使用支撑工具：将零件指定为支撑；自动生成和编辑支撑；移动和分割支撑，使其处于3D打印的最佳位置。

① 创建支撑。自动生成对带有材料的零件的支撑，而材料在后处理期间被删除。

创建支撑的操作步骤如下：

前提条件：准备并定向零件以进行3D打印。

a. 单击"支撑"图标 🔺 上的"创建支撑"图标。

b. Inspire自动生成一个块支撑，自动生成的支撑无法打印，且必须在打印前对其进行编辑和设置。单击一个支撑进行编辑，被选中的支撑会以红色高亮显示（图7-54）。

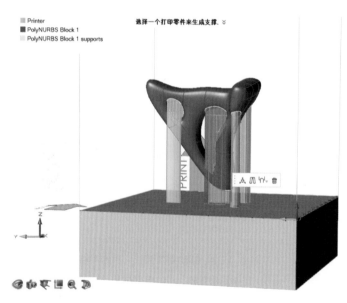

图7-54　编辑支撑（1）

c. 单击 🖤 图标以设置支撑的形状（图7-55、表7-3)。

d. 单击右键并通过复选标记退出，或双击鼠标右键。

提示：使用"偏好设置"中的"最小支持面积"选项，定义应该生成的支撑的最小面积。小于该面积的区域由于尺寸小会被认为能够自我支撑，且不会显示支撑预览，即便通常由于底切角度而需要支撑预览（图7-56）。

图7-55　支撑形状选项

表 7-3　配置支撑

支撑类型	配置选项
圆形	选择"连接""齿高""间距"和"尺寸" 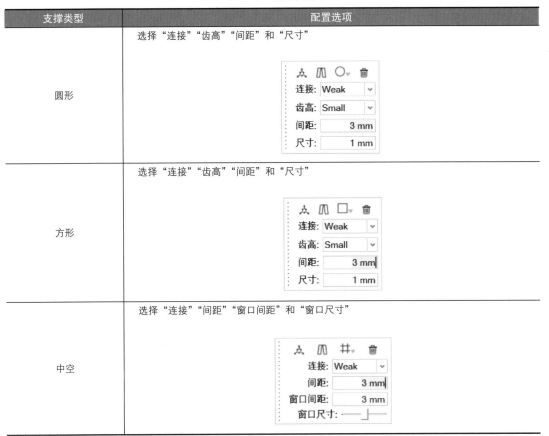
方形	选择"连接""齿高""间距"和"尺寸"
中空	选择"连接""间距""窗口间距"和"窗口尺寸"

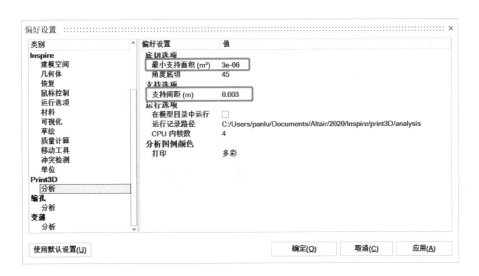

表 7-56　设置底切

② 指定支撑。将现有零件指定为支撑。

a. 准备并定向零件以进行 3D 打印。

b.将鼠标悬停在"支撑"工具上并单击"指定支撑"图标 。

c.选择零件并将其指定为支撑。

③分割支撑。拆分支撑并移动分割物,使其与基板接触。

某些情况下,自动生成的支撑会出现在零件的开孔中或其他无法进行打印的位置。这些支撑应该被分割和移动,以使其与基板接触。

分割支撑的操作步骤如下:

a.单击"支撑"图标上的"创建支撑"图标。

b.单击模型视窗中的支撑进行编辑(图7-57)。

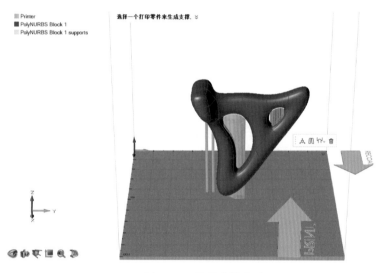

图7-57 编辑支撑(2)

c.单击小对话框中的"分割"图标,查看支撑在打印基板上的投影(图7-58)。

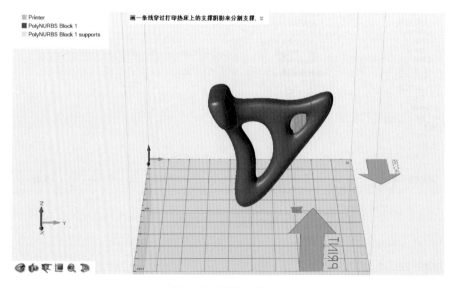

图7-58 分割支撑(1)

d. 双击基板，在支撑的投影上绘制一条分割线。分割线会显示为红色的虚线（图 7-59）。

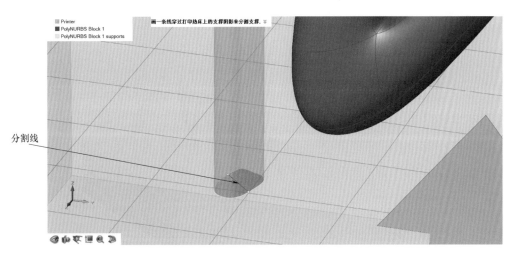

图 7-59　分割支撑（2）

e. 单击右键并通过复选标记以结束创建分割线。支撑会在退出时自动被分割。

f. 使用小对话框中的"移动" 工具，将被分割的部分拖离零件，使其与打印基板接触（图 7-60）。

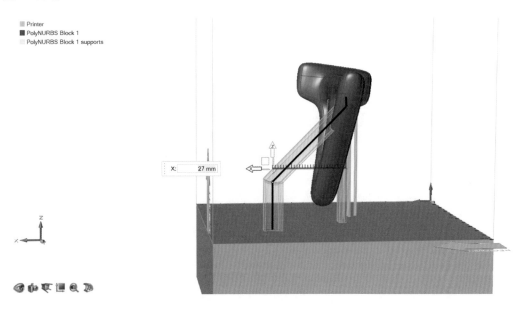

图 7-60　分割支撑（3）

g. 重复该过程，使所有支撑都放置在适合增材制造的位置。

（5）切片

用于在 3D 打印前，检查零件的每层以验证其几何体。

前提条件：在使用"切片"工具前，请准备、定向和支撑零件以进行 3D 打印。

切片的操作步骤如下：

① 单击"切片"图标 。

② 使用滑块查看处于不同打印阶段时的零件（图7-61）。

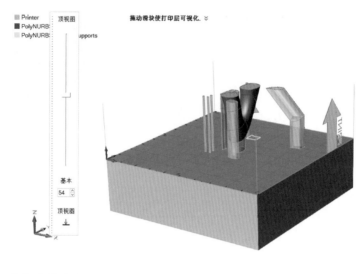

图7-61　切片预览（1）

单击"顶视图" ⊥ 图标，从上方观察零件，就像俯视基板一样（图7-62）。

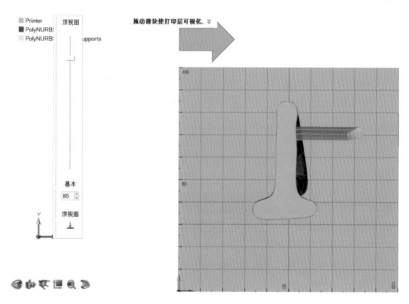

图7-62　切片预览（2）

提示：带编号的切片并不代表实际的制造层。

（6）导出

用于导出准备好的零件和 / 或 3D 打印支撑的文件。

前提条件：在将文件导出并发送到 3D 打印机之前，请对零件进行准备、定向和支撑。

导出的操作步骤如下：

a. 单击"导出"图标 。

b. 选择所需的文件路径和扩展名。请注意，零件和支撑将保存到不同的文件，选择要导出的文件（图 7-63）。

c. 单击"导出"。

7.2.2 "运行"工作区

"分析"图标  为多功能图标，包括显示分析结果图标、分析图标、运行记录图标和显示状态图标。

图 7-63 导出

其用于运行增材制造分析，然后查看并绘制结果。功能包括：

① 运行 3D 打印分析：对选定的打印零件运行增材制造分析。

② 查看 Print3D 结果：查看、设置动画和绘制 3D 打印分析结果。

③ 动画和记录结果：如果之前运行过 3D 打印分析，请使用"动画"工具栏来开始动画和记录结果。

④ 显示选项：确定查看分析结果时模型视窗中所显示的内容。可以显示或隐藏初始形状、载荷和固定约束、变形和 / 或云图。

⑤ 为结果添加数据明细：在模型的目标点上为选定的结果类型创建数据明细。

⑥ 绘制 Print3D 结果：如果之前运行过 3D 打印分析，可以在"分析浏览器"中绘制结果。

（1）分析

用于对选定的打印零件运行增材制造分析。在运行增材制造分析之前，必须首先使用功能区上的工具来选择要打印的零件、设置打印机，并定义零件方向和支撑。

分析的操作步骤如下：

① 单击"分析"图标 上的"分析"图标 。

② 确定"运行打印分析"参数，指定"进程参数"。使用"快速 / 准确"滑块在速度和精度之间设置偏好（图 7-64）。

a. 进程参数。进程参数会影响仿真结束后可用的结果类型，以及处理时间和结果的精度。

• 分析类型：分析类型决定在仿真结束后哪些结果类型可用。选择纯热将生成温度和节点温度的结果。选择热固耦合还将生成位移、塑性应变和米塞斯等效应力的结果。热分析要快得多；由于结果类型的数量更多，热固耦合分析需要更长的处理时间。

• 扫描策略：扫描策略由 3D 打印机确定，在大多数情况下，仅"按层"可用。

• 速度：3D 打印机激光的扫描速度。

• 激光功率：3D 打印机激光的功率。

• 粉末层厚度：对于基于粉末的 3D 打印过程，这表示分布在整个打印热床上的粉末层的厚度。

• 粉末吸收：Z 轴方向上的"粉末吸收"是粉末的一个属性。具体取决于激光波长、材料、预热温度、粒径和颗粒形状等，实际在增材制造过程中随着温度

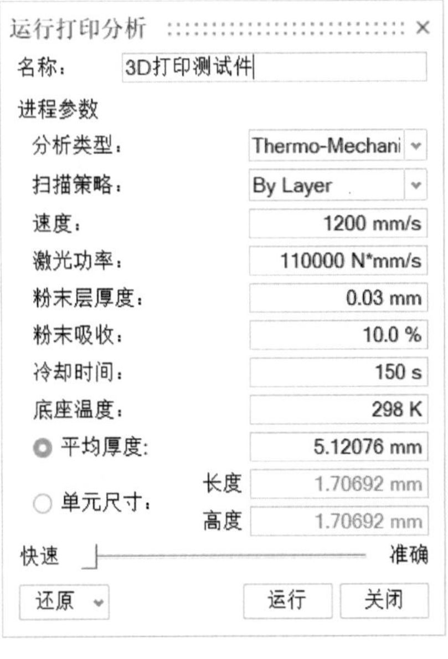

图 7-64 运行分析

变化而变化，此处为预估值。粉末吸收能量是真正用于熔化粉末的部分能量，剩余的能量会反射出来，然后消失。这也可以看作激光与粉末相互作用的效率。

· 冷却时间：冷却时间是指打印后把零件从底板上切割下来之前需要冷却的时间。

· 底座温度：底座的温度。

· 平均厚度：仿真结果显示为体素网格，可以输入网格的平均厚度。

· 单元尺寸：如果选择根据单元尺寸定义体素网格，则输入长度和高度。好的起点通常是 1mm×1mm。

· 快速/准确：拖动滑块来设置仿真所需的速度和精度之间的平衡。在运行求解器时，有三个位置使用不同的数值参数：快速、中等和准确。

b. 单击"运行"开始分析。

根据模型的复杂程度和精度设置，运行可能需要几分钟到几小时才能完成。运行成功完成后，"分析"图标上方会出现一个绿色旗帜。如果不成功，则会出现红色旗帜（图 7-65）。

图 7-65　运行结束

求解过程主要经历 9 个阶段：网格划分→启动求解器→开始求解→检查数据→打印→冷却→切割（如有支撑）→回弹→完成（Completed）。

c. 单击绿色旗帜或在"运行状态"窗口中双击运行的名称，即可查看结果。

提示：在"分析"图标上单击 ▦ 查看运行状态。"运行状态"表中显示了正在处理或尚未查看的运行。

在"分析"图标上单击 ▦ 查看运行记录。之前查看过的运行显示在"运行记录"表中。

⚠ 图标表示运行未完成，部分（并非所有）结果类型可供使用。此时应该运行一个新分析以生成完整的结果。

若要查看多个运行，选择"运行"的同时按住 Ctrl 键，然后单击"现在查看"按钮。如果多个运行都与同一个零件相关联，有关该零件的最新运行结果则会显示在模型视窗中。

若要打开存储运行的文件夹，则右击运行名称并选择"打开运行文件夹"。

（2）显示分析结果

用于查看、设置动画和绘制 3D 打印分析结果。

在查看结果前，必须先使用"运行分析"工具运行 3D 打印分析。

显示分析结果的操作步骤如下。

a. 单击"分析"图标 🔔 上的"显示分析结果"图标，打开"分析浏览器"（图 7-66）。

b. 在"分析浏览器"中，选择"运行"和"结果类型"分别为"Model（1）""位移"（图 7-67）。结果显示在模型视窗中。"结果"滑块可伸缩，为选定的结果类型提供了一个颜色渐变的梯度条。

c. 要更改"结果"滑块的上边界值或下边界值，则单击该边界并输入一个新值。单击"重置"按钮，恢复默认值（图 7-68）。

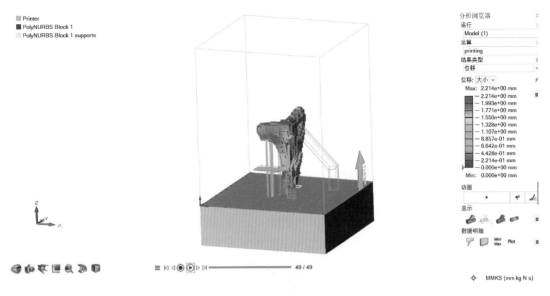

图 7-66　分析浏览器（1）

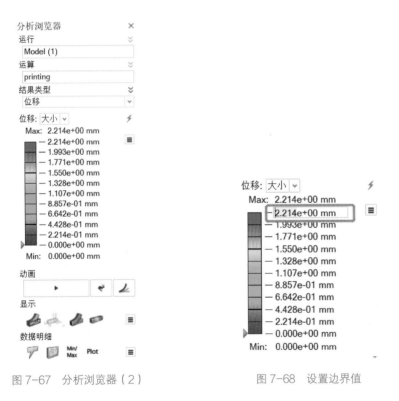

图 7-67　分析浏览器（2）　　　　　图 7-68　设置边界值

　　d. 若要过滤结果，以便遮盖模型中结果大于指定值的区域，则单击并拖动"结果"滑块上的箭头（图 7-69）。

　　e. 若要更改结果类型的图例颜色，请单击"结果"滑块旁边的图标，然后选择图例颜色（图 7-70）。

　　f. 若要从"分析浏览器"中删除运行，请右击相应的运行名称，然后从右键菜单中选择"删除运行"（图 7-71）。

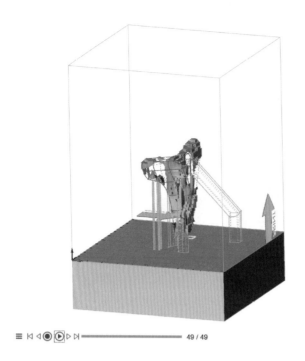
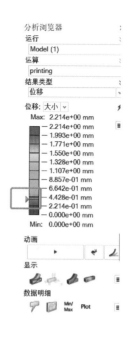

图 7-69 移动滑块过滤结果

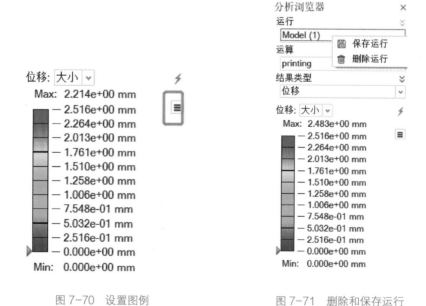

图 7-70 设置图例

图 7-71 删除和保存运行

（3）Print3D 的结果类型

3D 打印分析可生成位移、塑性应变、米塞斯等效应力、温度和节点温度的结果。

① 位移："位移"结果类型显示模型在 3D 打印过程中的位移或偏转量。模型中橙色区域位移最大（图 7-72）。

查看"位移"结果时，应检查位移大小的顺序和变形形状是否合理。使用"分析浏览器"上的"动画"工具查看变形形状。

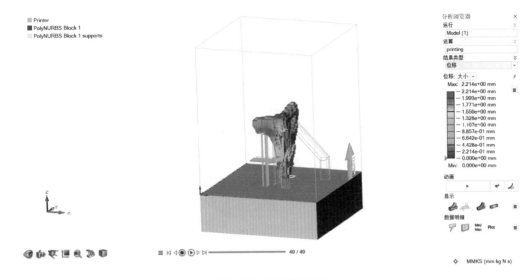

图 7-72　位移结果显示

② 塑性应变："塑性应变"结果类型显示哪些零件的屈服应变已超出屈服极限以及零件开始变形。深橙色区域应变最大（图 7-73）。

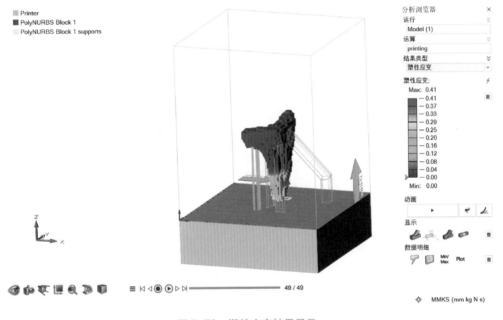

图 7-73　塑性应变结果显示

③ 米塞斯等效应力："米塞斯等效应力"结果类型可以用来预测零件的性能和耐用度。橙色 / 红色的区域的米塞斯等效应力已超过峰值应力（图 7-74）。

④ 温度：此结果类型显示在完成打印过程之后，零件上哪些区域的温度最高（红色 / 橙色）以及哪些区域的温度最低（蓝色 / 绿色）。此温度为每个单元的平均温度，而非节点温度（图 7-75）。

⑤ 节点温度：此结果类型显示特定节点上的实际温度。最高温度以红色显示，最低温度以蓝色显示（图 7-76）。

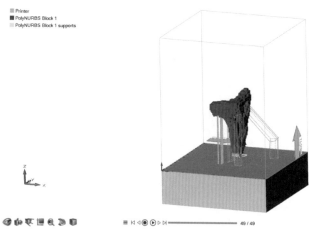

图 7-74　米塞斯等效应力结果显示

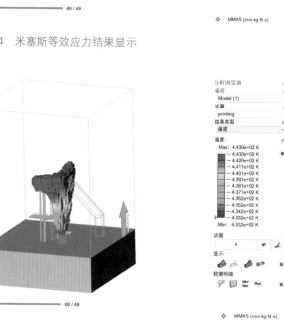

图 7-75　温度结果显示

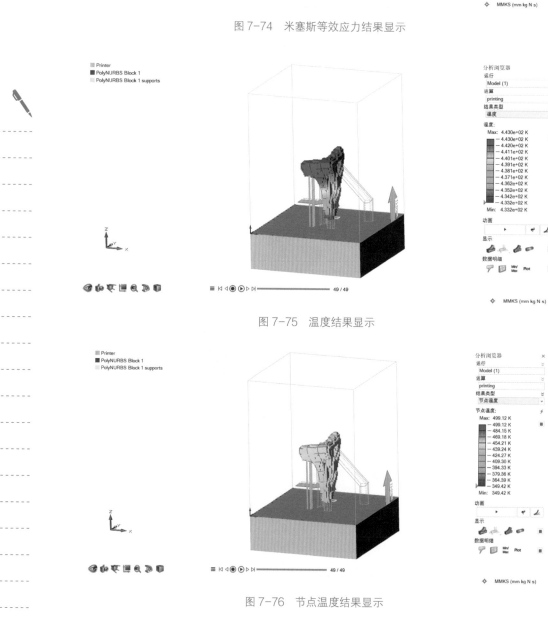

图 7-76　节点温度结果显示

（4）动画和记录结果

运行 3D 打印分析后，可使用"动画"工具栏来开始动画和记录结果。

查看打印动画和记录结果的操作步骤如下：

① 选择"分析"图标 ![](上的"显示分析结果"图标。"动画"工具栏 ≡ ◁◁◉▷▷▷▷━━━━━━━━ 49 / 49 会出现在模型视窗底部。

② 查看动画。单击"动画"工具栏上的 ▶ 按钮查看分析。点击 ❚❚ 按钮暂停动画。拖动动画工具栏的滑块，查看打印分析过程中的特定点。

③ 单击 ≡ 图标更改"动画设置"（图 7-77）。

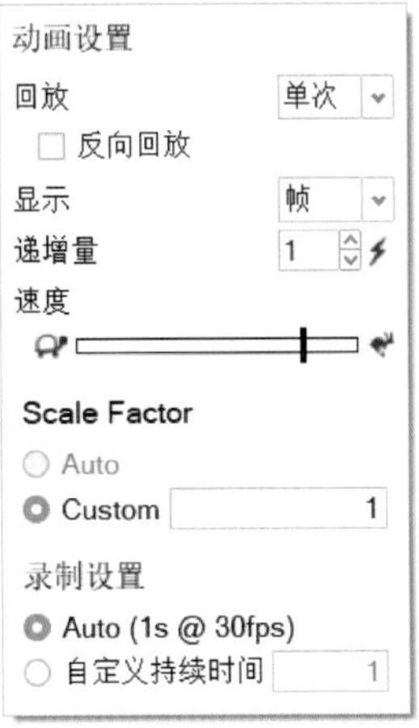

a. 回放：选择是否以"循环""单次"或"回弹"（向前或向后之间）方式播放动画。选择复选框进行反向回放。

b. 显示：将滑块的单位设置为"时间"或"帧"。

c. 递增量：增加计数器中的值以在回放期间跳过帧。点击重置按钮将恢复默认值 1。

d. 速度：拖动滑块，更改动画播放速度。

e. 比例因子（Scale Factor）：输入一个自定义值（Custom），以更改动画的比例。一般情况下，由于位移的比例过小，无法对其进行精确观察，因此会默认启用自动（Auto）调整大小功能。

f. 录制设置：默认的自动设置（Auto）可以对 30 帧每秒的记录持续时间进行预估。如果视频播放的速度高于预期，选择"自定义持续时间"以改变视频长度；这将调整帧率以尝试获得指定的持续时间。"自定义持续时间"最小值为 1s，最大值为 30s。

④ 录制动画。单击"动画"工具栏上的 ◉ 按钮开始记录运动结果；图标变为红色表示正在记录。再次单击图标以停止录制。

录制完成后，视频会自动保存至 C:\Users\ 电脑名字 \ 文档 \Altair\captures。软件会使用时间戳自动为视频文件命名，如 recording2021.18.7_7.20.21.mp4。

提示：默认行为是持续录制，但如果播放选项设置为"单次"而非"循环"，则会自动停止录制。

要隐藏工作流程帮助，选择"文件"→"偏好设置"，然后在工作区类别中取消勾选"显示工作流程帮助"复选框。要避免记录鼠标指针，单击"动画"工具栏上的 ◁◁ 按钮并按 Tab 键将焦点移动至 ◉ 按钮，然后按空格键开始或停止录制。请注意，视频记录器会捕捉模型视窗区域内的所有内容。在录制过程中请勿遮挡或最小化被录制的视窗。

（5）分析浏览器——显示选项

通过"分析浏览器"下方的"显示"选项，可以查看分析结果时模型视窗中所要显示的内容。可以显示或隐藏初始形状、载荷和固定约束、变形和 / 或云图等（表 7-4，图 7-78）。

表 7-4　显示选项

选项	图标	描述
显示 / 隐藏初始形状		显示 / 隐藏作为参考的初始形状
显示 / 隐藏所有载荷和约束		显示 / 隐藏载荷和固定约束。此外，还可以仅显示当前载荷和固定约束

图 7-77　动画设置

选项	图标	描述
显示 / 隐藏变形状态		显示 / 隐藏作为参考的变形形状
显示 / 隐藏云图		显示 / 隐藏云图
选项		动画插值：向结果云图添加动画效果 混合云图：在混合云图和非混合云图之间进行切换 单元云图：根据单元而非节点显示云图。该选项仅适用于基于单元的结果类型 向量图：显示位移结果类型的方向向量 平滑格栅结构：要查看格栅结构优化结果，可创建格栅结构的梁的半径
显示 / 隐藏单元		显示 / 隐藏单元边

（6）分析浏览器——数据明细

用于在模型的目标点上为选定的结果类型创建数据明细。

运行分析后，单击"显示分析结果"图标，"数据明细"选项会出现在"分析浏览器"底部（图 7-79、表 7-5）。

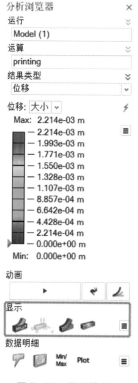

图 7-78　显示设置

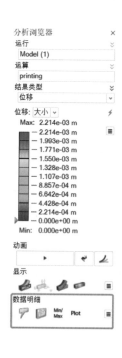

图 7-79　数据明细

表7-5 数据明细

数据明细	图标	描述
创建、显示和隐藏数据明细		单击 ▽ 图标，然后单击模型上的一个点来创建数据明细
列出数据明细		在表格中显示所有数据明细的列表。每个数据明细都对应选中的运行
最小/最大数据明细	Min/Max	创建一个数据明细，显示所选结果类型的最小值/最大值的出现位置
绘制	Plot	显示已创建数据明细的结果的图表
选项	☰	动态数据明细：使数据明细动态化，以显示当前所选结果类型的值

思考题 ▶▶▶

1. 简述激光粉末床熔融工艺模块的基本操作步骤。
2. 简述零件分配材料和自定义材料的方法。
3. 简述3D打印机设置的参数种类及含义。
4. 简述Altair Inspire的两种支撑设置方法及软件自带的支撑形状。
5. 简述零件定位的4种方式及含义。
6. 简述激光粉末床熔融工艺的主要激光工艺参数及含义。
7. 简述Altair Inspire的分析浏览器的结果类型及含义。

任务训练 ▶▶▶

任务：工业机器人臂爪的激光粉末床熔融工艺仿真
来源：Altair Inspire案例库
任务书：
已知工业机器人臂爪模型如图7-80所示，采用激光粉末床熔融工艺打印。

图7-80 工业机器人臂爪

工业机器人臂爪材料选择AISI 10Mg，粉末对近红外激光吸收率为60%，激光工艺参数如表7-6所示。

表 7-6 激光工艺参数

序号	工艺参数	数值
1	激光功率 /W	150
2	扫描速度 / (mm/s)	60
3	粉末层层厚 / μm	30
4	基板温度 /℃	25
5	扫描间距 / μm	80
6	粉末的激光吸收率	16.7%